ちろりんだより

−移住農家夫婦37年のおーがにっくらいふ−

西川則孝・西川文抄子

創風社出版

「ちろりんだより」発刊に寄せて

人間牧場主・年輪塾々長　若松　進一

もう三十年以上も前のことなので、はっきりとは覚えていませんが、西川さんと出会ったのは確か、お互いが若かった頃、丹原町若者塾での勉強会だったように思います。以来仲間を巻き込んだ親しい付き合いは次第に大きく深く広がり、西川さんにもかつて私が代表を務める二十一世紀えひめニューフロンティアグループが一年四回、十年間で四十回を目指した、フロンティア塾の塾生となって参加してもらいましたが、その余韻で今でも予告なしに時々の出会いを重ねながら、その度に過去・現在・未来について、歳を忘れ二人で楽しく会話を交わしています。

そのことがご縁で、私の元へ手書き手作りの「ちろりんだより」というＢ４一枚のニュースペーパーが、温もりのある短い私信を添えて送られてくるようになりました。その頃は、インターネットやスマホといったデジタルツールも普及していない時代だったため、田舎の役場に勤めていた私とはまったく違った、農業の世界で生きている西川さんの体感文章は、とても新鮮な切り口で、私に新しいエネルギーのようなものを注入してくれました。以来西川さんの情報発信手法は今も変わることなく、奥さんとの共作によるガリ版刷りにも似たこだわりの「ちろりんだより」として続いているのですから驚きです。二宮尊徳の言葉を借りればまさに「積小為大」で、号を重ねること二百回以上という小さな積み重ねは、西川さんご夫妻が築いてきた、ユートピア「ちろりん農園」そのものの物語でもあるのです。

十八年前リビング新聞に連載した「ちろりん日記」をまとめて二〇〇〇年に出版した、『晴れときどきちろりん』に、西川さんから巻頭文を頼まれて書き、私が翌二〇〇一年に出版した自著本『昇る夕日でまちづくり』に、「夕日に魅せられた男へのメッセージ」と題して、他の三人の友人とともに寄稿文を書いてもらいましたが、今回創風社出版から出版することになった「ちろりんだより」にも文章を頼まれ、浅学菲才を顧みず口約束だけで拙文を書かせてもらいました。

「ちろりんだより」には、西川さんが日々の暮らしの中で感じた様々な想いが、時には鋭く、時には優しい眼差しで綴られています。私も西川さんに触発されて、十四年前から毎日アメーバブログとワードプレスブログに、それぞれ二本のブログ記事を書いていますが、敬愛する旅する巨人と評される民俗学者宮本常一の「記録しないものは記憶されない」という言葉は、西川さんの生きざまともダブっているようです。これからもこれまでのようないい生き方をしてください。出版おめでとうございます。

ちろりんだより　目次

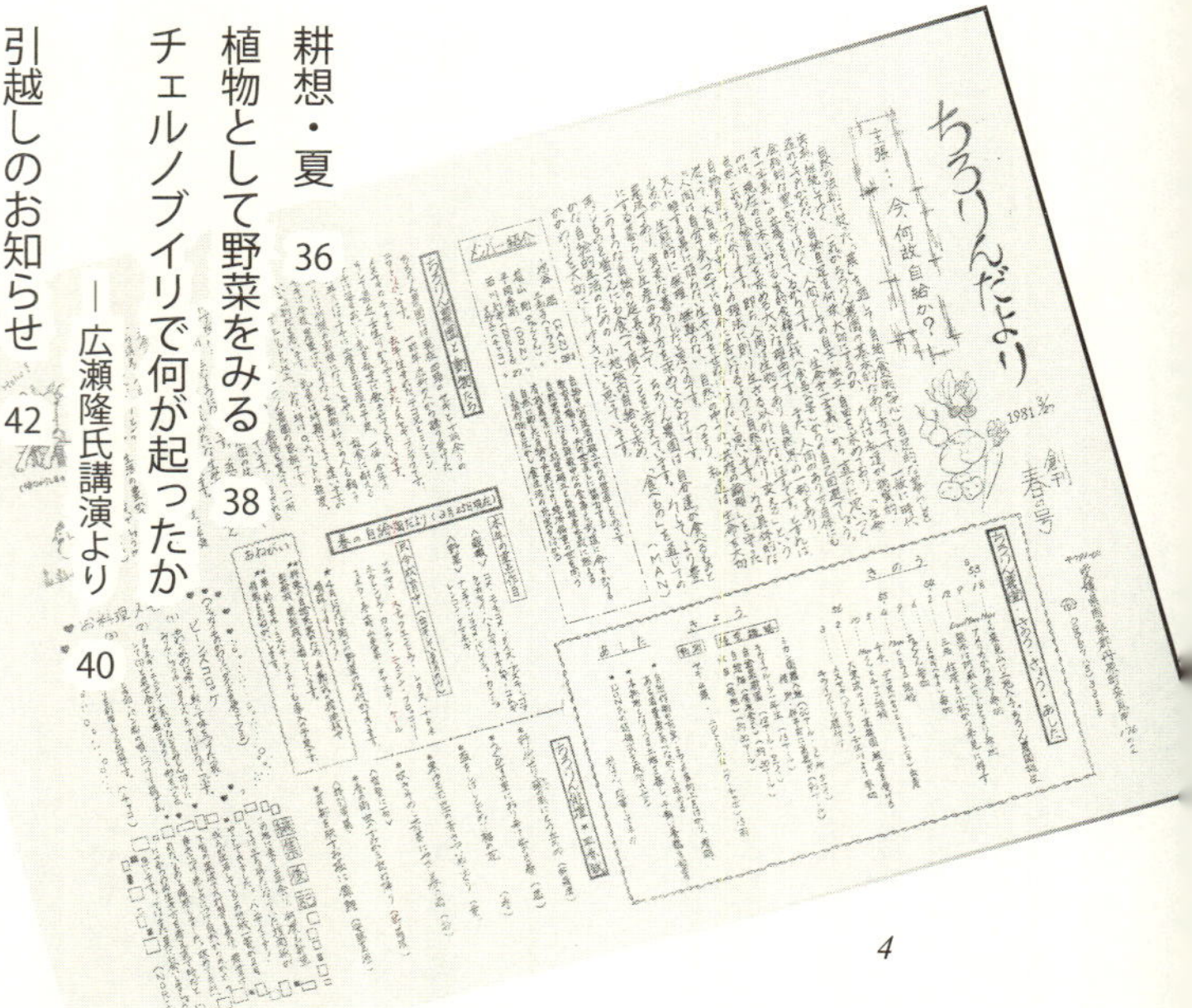
ちろりんだより
1981
創刊 春号
主張…今何故自給か?

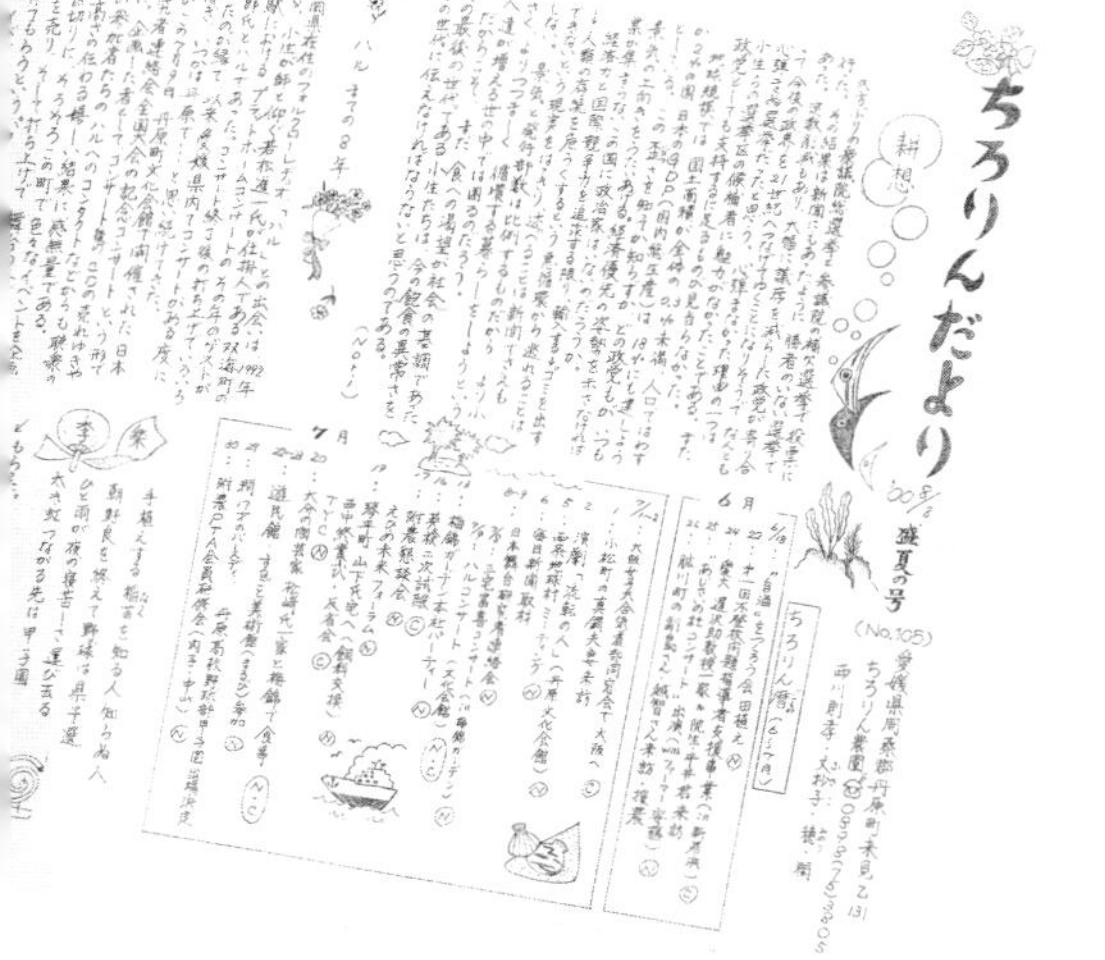
ちろりんだより
耕想
(No.105)

ちろりんだより

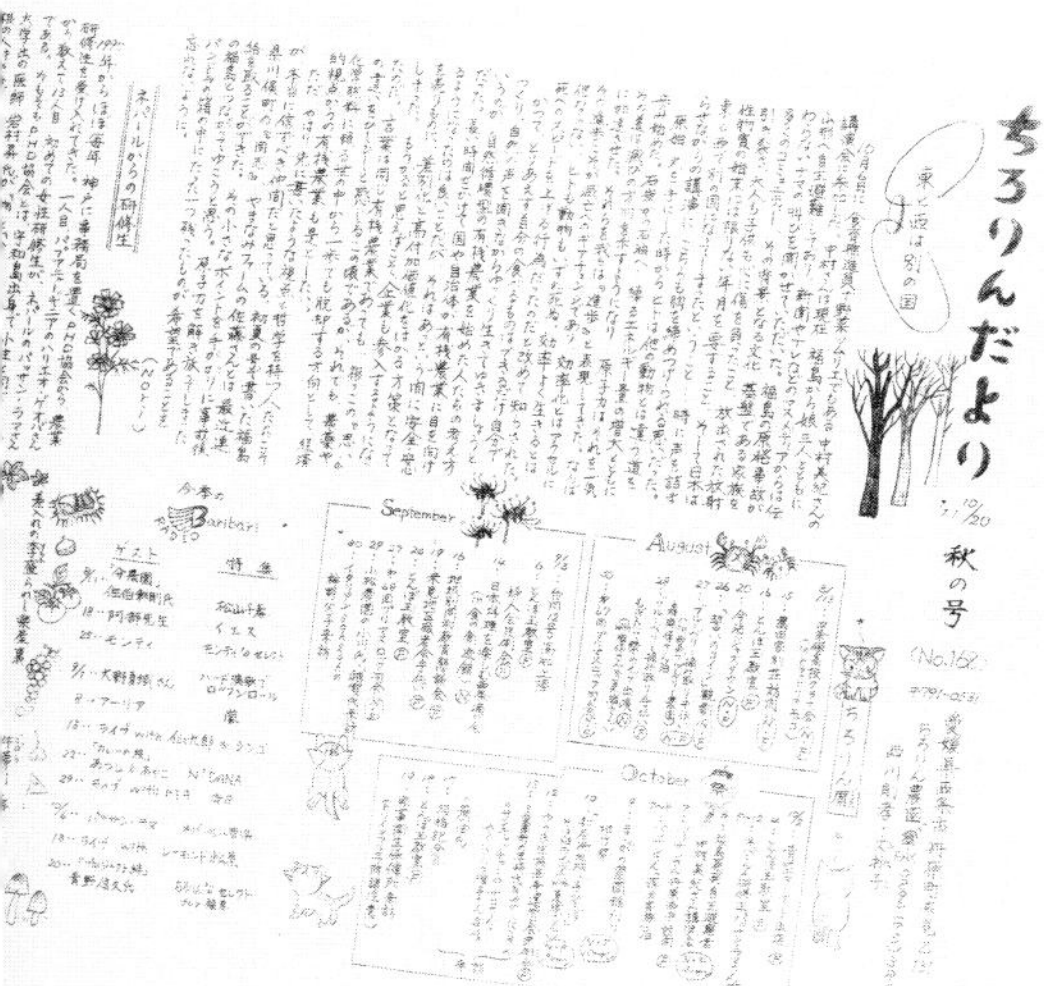
ちろりんだより
秋の号

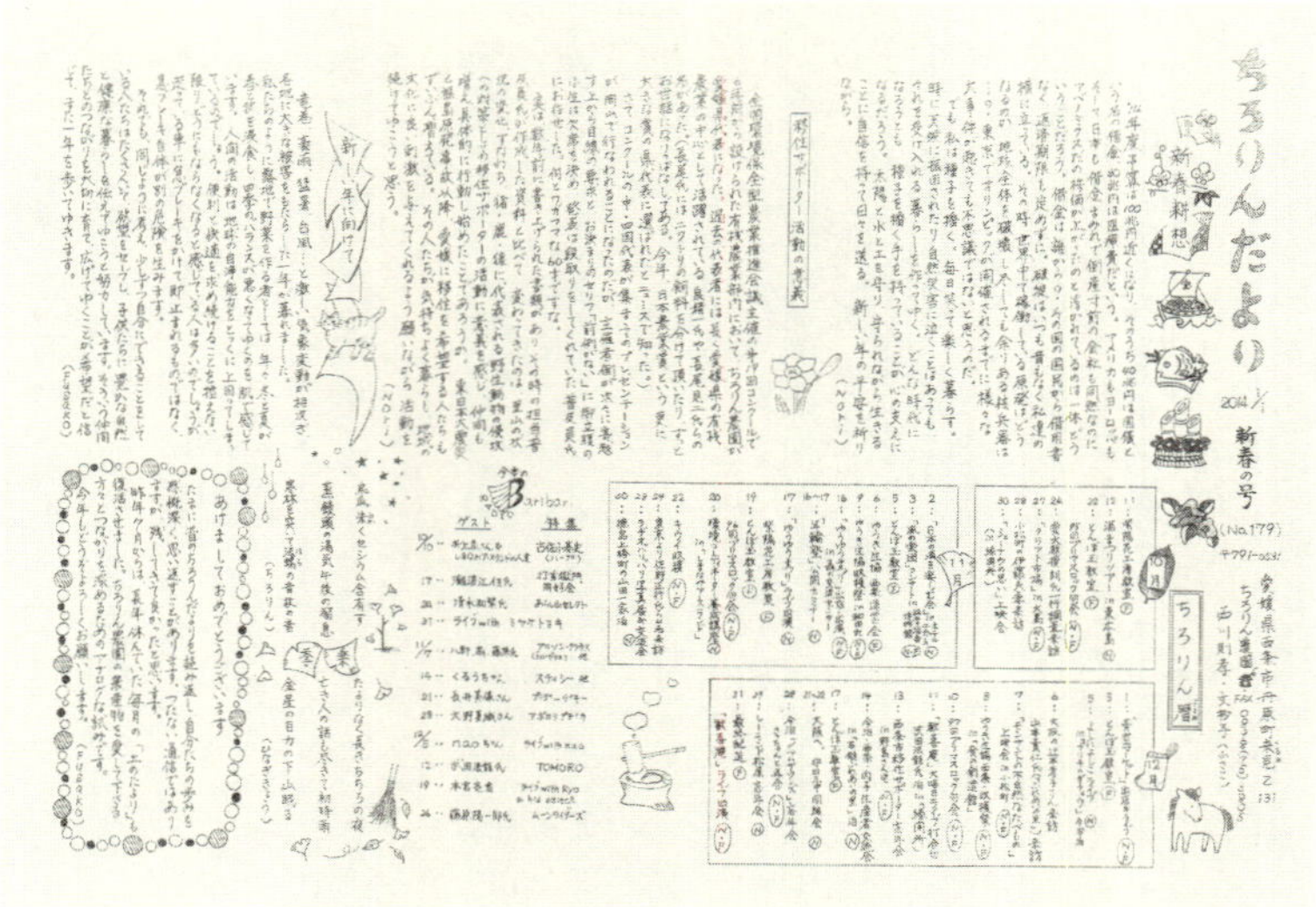
ちろりんだより
新春の号
(No.179)

ちろりんだより

移住農家夫婦37年のおーがにっくらいふ

長男誕生

'81年12月16日午後2時50分、わがちろりん農園志川に長子を授かった。5月22日の池谷生一郎君に次いでの二世の誕生である。命名のならわしであるお七夜を過ぎてもまだ名前が決まらず、各方面からのアドバイスを取り入れ、それこそ七転八倒の両親のもだえのあげく、どうしても自然や植物をあらわす文字をとの願いから、穂（みのり）と命名した。

この間、ちろりん志川の家族には多くの生と死が交錯した。12月15日の朝には、白うさぎのフタバちゃんとオッス君夫婦に四匹の仔うさぎが生まれた。みんなまっ黒けの可愛い子たちだったのに、12月17日寒さで死亡…また、お七夜のその日に我が家のアイドルだったヤギのポロが猟犬か野犬に襲われて悲惨な死をとげた…。ひとつのいのちが生ずれば死路へ旅立つ者もあり、生と死はこの世の常とはいえ複雑な気持ち。今となっては彼らの冥福を祈り、その生命力が穂に宿ったのだと信じ、祈りたい。

（'82新春の号　ＮＯＲＩ）

有機農業は小動物を飼うことから

小動物を飼うこと、そこから生まれる食べものに対する姿勢、循環について述べてみよう。まず食べものの無駄がなくなる。台所の生ゴミや畑の野菜クズまでも食べてくれるのが嬉しい。また、除草した草を平飼いの鶏小屋に放りこんでおけば、やがて鶏糞と混じって肥土となる。ヤギなどつなぎよう如何で直接畑の除草を手伝ってくれる。

そんな彼らに愛情を持ったとき、我々は食事の内容に注意するようになる。これが有機農業の原点だ。餌は極力農薬や除草剤のかかっていないものを与えたい。それが自給につながるし健康な食べものをつくり出すことになる。特にヤギ乳や卵は、危険物質を食べさせた場合、濃縮されると考えねばならないからだ。従って、自給は家畜の餌の自給↓肥料の自給へと発展させねばならない。そのことを各農家が実践すればまともな食べもの、まともな世の中へと変わってゆくだろう。第一のステップは、小動物に愛情を向けて飼うことから始まる。勿論、その乳、卵、そして肉を食べるときは感謝の念をもって頂きたいものだ。

（'82新春の号　ＮＯＲＩ）

有機農業野菜の価値

昨年10月以来、えひめ生協や日曜市に出荷・出店するようになり、消費者に接し、また「売る」立場に自分を置くことによって、ものの価値や食べものとは何かということを考えざるを得なくなった。ちろりん農園の農産物は化学肥料や農薬を使わずにできたものであり、これは安全な食べものですと胸をはって渡しているし、受け取る側の方もたとえ見てくれは悪くとも無農薬で安心だからと喜んで食べて下さる訳で、たいへん望ましい関係を持つことができていると思う。しかし同時に次のような反対意見も耳にする。(1)二週間に一回売りに来る野菜では、たとえ安全でも、他の日は市販のものを買うから全く役に立たない。(2)見栄えが悪く虫食いで穴だらけと商品価値が低いにも拘らず値が高い。などなど…。

いくら野菜だけ安全なものを食べても、主食の米やパン、調味料はなかなか純正のものを手に入れがたいし、一般のものを使っているからといって特に目に見える害もないように思われる。有機農業について、一種の理念だけが走っているように思われがちなのは、この見えないものの存在が最大の原因だと思う。生産者としては、近隣から飛散してくる農薬や、水田の上流で化学肥料や農薬が混入することを考えねばならないし、果実に使用しているマシン油やイオウ合剤にしても今は安全とされていても今後の研究でクロとなる可能性もないとは言いきれない。更につきつめれば、有機質肥料も自給しない限りは、油かすは石油抽出のしろもので昔の油かすとは効き方も違うし、堆肥を入れた場合でも、食べもののカスやワラ、糞の中に農薬や抗生物質がゼロであるとはいえないのである。

現実に有機農業と呼ばれている所でもこれら全てを断ち切った例は皆無であるが、我々生産者はこの問題にどう対処すべきか考えてゆかねばならない。

今の時点では、健康な食べものを求める心とお互いの信頼感に価値を見出して値段がつけられており、生命の糧としての食べものを買ってもらっている。そんなふうに考えたい。

（'82新春の号　ＮＯＲＩ）

7ヶ月の穂と　石鎚ロープウェイ乗り場近くにて

平飼い養鶏始める

2月に志川のキウイ園対岸の自給果樹園に、10坪ほどの鶏舎を建て増し、近くの養鶏農家からゴトウ360（35羽）とナゴヤコーチン（5羽）の廃鶏をゆずってもらいニワトリの増羽を行なった。四月頃にはすっかり毛換えして生まれかわるだろう。これにより毎日20ケ以上の産卵があるだろう。平飼いで草をいっぱい食べ、陽のめぐみを受け大気の流れをいっぱい吸った健康な鶏たちの卵を日曜市や希望する人に分けてあげることができる。

そこで今回は卵についての問題点を述べてみよう。「自然卵養鶏法」の著者、中島正氏は、一般の大規模ケージ養鶏と平飼い養鶏との違いを左表のように述べておられる。

このように全く異なった飼育管理による平飼いの鶏からは全く別の内容を持った卵が産まれるはずだ。また飼料にヨードを混ぜ鶏種を少し変えたヨード卵なるものが、スーパーや健康食品店で高価に（1ケ50円）売られているが、内容はちろりんの平飼い卵のほうがはるかに優っていると自信を持って断言できる。

中島氏は雄鶏による有精卵については特に触れていないが、有精卵の方が〝生きている〟という価値がより高いことは想像にかたくないし、又飼う側の我々としても、外敵（犬、猫、イタチ、ヘビ etc.）からメスを守る、群をうまくまとめあげるという役割を重くみて、導入の方向である。

自然卵については、問題のコレステロールが少ないというデータがある。反対に、市販の卵は洗卵の際、合成洗剤を使用する為、これがコレステロールと結合し血管内にたまりやすくなるということだ。

そんな我々の卵にもまだまだ問題はある。自家配合のエサとはいえ、トウモロコシとダイズ粕はアメリカ産であり、米ぬかも自家製ではない（我が家は玄米なので）。緑餌は自分の所の畑のものをたっぷりやっているが、今後の課題として飼料穀物も自給又は地域と結合した型にもってゆきたいと考えている。

（'82春の号　NORI）

	大規模ケージ	少数平飼い
大自然の恵み	しゃ断拒否	できる限り与える
飼　　料	完全配合の濃厚飼料	自家配の粗飼料
鶏　　舎	システム化・近代化鶏舎	四面オール開放土間
鶏　　種	白レグ主体	赤玉鶏主体
薬　　品	使用：薬漬け	一切使用せず

卵のはなし その1 ～価格～

最近はまた卵が安いらしい。ちろりんの卵は一ケ30～40円で買ってもらっているが、普通のスーパーなどの卵に比べたら2倍近い値段である。『物価の優等生』、『安い蛋白源』と云われて久しいこの卵について考えてみたい。

ここ十五年ほどの間、卵の価格は多少変動しながらも結果的には殆ど上がっていない。15年といえば、消費者の経済力は勿論のこと、物価は数倍～10倍にはね上がっている。それなのに卵屋さんは一体どこでもうけのつじつまを合せているのか？

一つには規模拡大・専業化である。いわゆる養鶏家の平均飼養数は5千羽前後だろう。丸紅・伊藤忠などの商社系では10万羽を越えるものが少なくない。農協に養鶏を事業として認めてもらうにも千羽は必要とする時代なのである。商社系ではエサの輸入も自前でできるのでここでもコストが割安となる。２万羽飼養している人に聞いたところでは卵価がkg当たり10円違うと一ヶ月の収入が結果として１００万円以上違ってくるという。相場を見つめる眼は競馬に賭ける人々のそれと変わりない感じだ。数で勝負となったらトリさん達は土なんか踏ませてもらえないし、日の光をあててもらうこともない。緑の草や小石など一生口にすることはない。石を食べないから、人間の胃にあたるすりつぶす器官がなく粉餌ばかりの一生。日光にあたらず、空気も悪いから病気がち。それでは困る、80％の産卵は必要だというので、抗生物質やワクチンで薬漬け。更に環境の悪いブロイラーでは、この傾向が一層強くなる。

ちろりんのトリさん達は、たたみ２畳分に７～８羽（養鶏場では身動きもままならぬケージ住まい。ブロイラーは一坪当り70～80羽）雄鶏もおり、60％も卵を産んだらえらいえらいとほめられる。青草をたっぷりついばみ、羽をきれいにつくろったり、砂浴びしたり優雅な生活だ。

エサも大粒のトウモロコシ中心の自家配、時には我が家のお米やハトムギ、サツマイモも入ったりする。こういうちろりんのトリさん達の産む卵はヒヨコにかえる力のある、つまり命のある卵なのだ。命を頂くという気持ちで、多くの人達に大事に味わってもらいたいと思う。

（'83冬の号　ＮＯＲＩ）

15 年ほどお世話になったプリマスロックの初生ビナ
これを縁にしたプリマスロック句会も 150 回を超えて今も続いています

卵のはなし その2 ～内容～

前号では、価格及び飼い方の差によって生じる。〝命のある卵〟について述べた。今回は、卵そのものについて言及したい。ちろりんの主要鶏種ゴトウ130（食肉兼用種）、ゴトウ360が生むのは褐色卵（もみじ卵）、さくら卵（ピンク卵）である。イギリスなどでは滋養分が多く、大きいという理由でこの褐色卵の占める割合のほうが多いという。平飼いの卵は殻が硬くて丈夫である。コンと割るより先にぺしゃ白身がどろ～ということはまずない。市販の卵のかなりのものは汚れを除くために合成洗剤で洗って出荷するということだが、こうすると外部のクチクラ膜を除いてしまうことになり細菌が入りこみやすくなる恐れがある。また、合成洗剤とコレステロールが結び付いて沈着する。（ちろりんでは汚れは紙やすりでこすり落す。）緑餌を多給した平飼い卵の黄身は濃く盛り上がり、はしでつまむこともできる。（但し黄身の濃さについては、一般のケージ飼いでは飼料に合成色素を添加して着色している例もある）また白身は見事に2層に分かれ、鮮度のめやすとなるハウユニットも高いので目玉焼をしても形よくまとまる。最近のレストランでは型にはめなければ白身が流れてどうにもならないという。

最後に鮮度について述べると、ちろりんでは週二回に分けて配っているので一番古いものでも4日前ということになる。最近はスーパーなどでも日付のついたものがあるが、あれは集荷場から出荷した日付であるから、表示の日に生んだものとは限らないのである。

飼い方を少しでもトリの身になって考えた平飼い養鶏の卵は生む数もそう多くなくどうしてもコストが高くなってしまう。しかし、単価が高くとも質のよいものを少しずつ摂る。決して飽食しないという姿勢を保てば、結果的に健康になり、医療費のことも含めて経済的で幸福な道だと思う。

（'83春の号　ＮＯＲＩ）

プリマスロックの雄鶏と雌鶏

出産の記

７月29日午後５時27分、予定より12日早く次男誕生。お昼すぎに穂の時と同じ助産院に入院。５時すぎ、お産の前に食べておいたらと運んできてくれたおいしそうな夕食に心そそられ、それではとハシをとっておイモを一つほおばったとたんに陣痛「あっ、やっぱり産んでからにします」と小走りに分娩室へ。一、二回いきんだら破水し、もう一度いきんだら「オギャア！」体重２５００ｇ、身長48㎝のチビ助で、汗をかく間もない軽いお産でした。が、ほっとしたのは非常に甘く、続く一週間はまさに地獄。クーラー反対論者の助産婦さんであるのはこちらも願ってもないことなのだけど日照り続きの猛暑に産室は連日37℃、夜でも30℃以下に下がった日はなく、私はベッドの上で「暑いよォ」と心に繰り返すだけ。雨を願って潤と名付けたチビさんも、汗だくの母親の横でおデコに冷蔵庫で冷やしたガーゼをちょこんとのせられ、まっ赤な顔してそれでも眠る頼もしさ。朝目ざめて温度計の目盛り見るたびひたすら我が家が恋しく、やっと退院して帰り着いた時には、天国の如く涼しく感じられたのでした。

（'83秋の号　ＦＵＳＡＫＯ）

『ふつう』の食生活の再考を

2月7日付朝日新聞に『ガラスよりもろい現代っ子のあご』というタイトルの記事がありました。最近あくびをしたり硬いものを食べただけであごの関節をいためてしまう子供が増えているそうです。柔かいものばかり食べているのであごの骨や筋肉が育っていないというのです。これを読んでびっくりしているところへ追いかけるように、現代農業4月号で『いま農村の子の体が危ない』という特集がありました。ある歯科医の指摘によると『ふつう』の食生活をしているのに歯がガタガタになってしまう親子が多いといいます。現代の『ふつう』の食生活では一般に動物たんぱく・脂肪過多、乳酸飲料などによる糖分過剰そして野菜・海草・小魚不足が多かれ少なかれみとめられ、これにあてはまらない昔型の食事をしている人ほど歯は丈夫だそうです。本当にそんなひどいことになっているのかしらと思う一方、周囲の子供たちを見ていると、これらの記事が決して大げさでも特殊な例でもないこともうなずけるのです。ただでさえスーパーには子供の心をそそる甘いものがあふれTVのコマーシャルが拍車をかけています。小中学生が自動販売機のジュースやコーラと一緒にスナック菓子や菓子パンをぱくぱく、いつでもどこでも目にする光景です。あれで夕食がおいしく食べられるはずがありません。食事どきにお腹がすかないから、好きなおかずだけを食べ、夜中にお腹がすいてまたお菓子やジュースに手を伸ばし、従って朝は食べられない…。簡単に想像できるパターンです。そして、子供の好きなメニューといえば、ハンバーグ、カレー、シチュー、ミートボールなど柔かいものが多いと聞きます。甘いものや清涼飲料水の氾濫と柔かい食事、これが現代っ子の歯を、そして身体をむしばんでいることは間違いないのです。おやつはなるべく手作りでかみごたえのあるものを与えたいもの自家製のパンやクッキーは甘みもかげんできるし市販のものより歯ごたえがあります。そして、玄米や五分づき米、ひじきやごぼう、レンコンなどを使った昔ながらのおかずをもう一度食卓にとり戻したいものです。

('84秋の号　FUSAKO)

今は砥部に移転したが動物園が道後公園にあった頃

耕想

今年の春は卵の配達を通じて、川内町（現・東温市）の有機野菜生産者の方々と毎週顔を合わせることができ、作付や野菜の様子も見聞きできて勉強になることが多かった。川内のグループも現在に至るまで10年の歳月を要しているし、未だに多くの問題をかかえている。そんなことからも有機農業は人間と人間の関係が基本となっていること、それゆえに進み方も牛歩の如くであると思う。このようなゆっくりした歩みが環境破壊や核戦争など今の世界の急テンポな流れの歯止めとなりうるかどうか、最近大いに疑問である。小生も四国に来て七年目を迎え、最近この丹原町にも有機農研をつくろうとのろしを上げてみたが、反応は殆どなし。先日もこの地の後継者の先輩に聞いたら、30～40代の農業後継者で鍬や鎌を握る者は殆どいない、それに有機農業で日当6000円が保証されるとしても、同じ日当なら日雇いに出るほうを選ぶだろうという。『金』中心の世の中で『生き方』としての魅力を訴えても反応は弱い。『生き方』としての魅力を実感できる毎日を過ごし経済的にも経営的にも人並み以上のものを示すに至って、やっと周囲は振り向いてくれるのだろう。数少ない農業後継者も視点の中心は『金』である。あたりまえながら寂しい日本農業の将来という気がした。しかし、それならじっくりゆっくりやろうとかえって腰が坐ったようだ。子に望むように自分も日々が幸福のつみ重ねでありたいと―。

（'84初夏の号　ＮＯＲＩ）

畑にて

ダイオキシン　—種の存続をおびやかすおそるべき産物

郡の後継者と農村婦人大学の集いで、西条くらしの会の有重由紀子さんの話を聞いた際、ダイオキシンについて興味を持ち、新潮文庫版『母は枯葉剤を浴びた』(中村悟郎著)を読んでみた。ダイオキシン（2・3・7・8テトラ・クロロベンゾ・パラ・ダイオキシン〈TCDD〉）はわずか85gで100万人を殺すことのできる人間の産み出した最大の毒物である。ベトナム戦争の枯葉剤作戦に使用された除草剤（2・4・5T及び2・4D）の不純物として生じ、この除草剤を散布した者にも、被曝した者にも多くの障害を与えた。ベトナムで散布されたダイオキシンは550kgにも及ぶと推定され、すでに出産異常など多くの現象があらわれている。しかし、残留期間は最低二十年間、ベトナム戦争後十年たってはいるが影響は今後も続く。1976年、イタリア、セベソの町で起きた起きた化学工場の爆発事故により大量のダイオキシンが降り注ぎ、汚染地区は死の町と化した。1983年アメリカではやはり枯葉剤生産による汚染がわかり、政府が町をまるごと買上げゴーストタウン化させた。一方、日本では、まだダイオキシン問題は表面化していない。しかし枯葉剤作戦で使用されたと同じ2・4Dは、以前、除草剤としてごく一般に使用されていた。現在、水田除草剤に使用されているＣＮＰ（商品名Moなど）にも異性体ではあるがダイオキシンが含まれている。そして愛媛大学の立川教授により、ゴミ処理場からもダイオキシンが発見されている。塩ビやポリエチレンなどプラスチックの使い捨てがダイオキシンの新しい発生源となっているのだ。この研究はまだ緒についたばかりであるが、プラスチックすなわち石油に頼りきった生活を見直せという警告と受取らねばなるまい。いや、むしろ最後の通告というべきであろうか。地球上のすべてを何十回も全滅させうる量に達した核兵器とも考えあわせて、はてしなき発展を望む近代文明はすでに文化の破壊を超えて、それをつくり出した人間という種の存続自体をおびやかしている。全ての生あるものの流れが破滅の方向（死）に向うことは仕方がないとしても、ここ三十年ほどはその流れが自ら死に急ぐかのような速さで未来へ続いているのではなかろうか。次の世代の子供たちに未来を残すために、どんな小さなさびでもいい、一人でも多くの人がうっておかねばならない。それが生活の見直し、有機農業運動であると思う。

（'85初夏の号　ＮＯＲＩ）

食卓から見える社会

朝日新聞の『ハッピー、ニッポン』の連載。愛大環問研ゼミの『人を喰うバナナ』のスライド上映。奇型猿の出現を人類の未来への警鐘ととらえる淡路島モンキーセンターの中橋氏の話。そして、ちろりんの食生活には不要なものばかりが並ぶスーパーマーケットの食料品売場―日本はその長い歴史の中でかつてないほど豊かな「食」を享受しているといわれている。しかし、地球という規模で考えれば、その豊かさは隣人たちの飢えの上に築かれたものであり、結局はそのツケを子孫に回そうとしているようなものである。我が身だけが可愛いのはひとつの世相というにとどまらぬ所まで来ている、そんな危機感がある。さて、槌田先生の話によれば、昨年の新規就農者は日本全体で５０００～６０００人であるのに対し、医師になるべく国家試験に合格した者は８０００人、更に医療費は実に14兆円を上回り国民一人が使う医療費は一ヶ月1万円平均になるという。生命のもとを作るのは「農」であると考える一人としては割り切れない数字である。隣人たちのたべものを金の力でかき集め化学の粋ともいうべき加工技術で毒と化したものが食卓に並んでいる日本、世界中から添加物の実験材料として注目されている日本、出産異常は枯葉作戦でメチャクチャになったベトナムを上回る6.5%といわれている（奇型猿も近年では5%程度）日本……。土の見える生活の中にこそ未来が見えると信じ、戦後40年目の夏を迎えた。

（'85初夏の号　ＮＯＲＩ）

家の裏のシイタケとワサビ

子供とともにある農を願う

有機農業・有機農法・有機農産物などという言葉だけが市民権を得ている今日だが、その各々の語句を百科事典式に説明せよといわれても難しいのが実状である。しかし、秋野菜の作付けに追われる畑で自分なりに考えてみたところ、今の一般の農が昔はそれが当然であった有機農と明らかに異なるのは、子供の手伝う余地と子供に手伝わせる時間（ゆとり）が全くないということではないかと思った。そこで、有機農業とは子とともに野良にいて時を過ごせる農であると定義づけてみた。私は子供に畝立て、種まきみかんの収穫などを、まねごとでもしてもらうようにしている。それは実に根気と我慢のいることで、子供に畑の手伝いを教えるには時間とそれ以上に心のゆとりが必要であるとつくづく思う。しかしその過程を経てのみ、子は土と畑から何かを受け取り、自然の中で農を理解するようになるのではないか。そうなってほしいと願って毎日子供たちとともに畑に出る。勿論、これも身の回りに危険な農薬、除草剤、化学肥料などがないということを前提としている。最近騒がれている農薬混入ドリンクは殆どが除草剤のパラコート（グラモキソン）であるが、これに限らず、生命にかかわる農薬が容易に手に入り身の回りに置かれているのが今の農家である。我が家の納屋にはそれがない。そこにも子供が入ってゆける余地がある。自分の食生活を大切にし、子供の健康を思い、食べて下さる方たちのことを考えながら農にいそしむ。そんな幸福な日々の生活こそが主張であるといえるように年月を積み上げてゆきたい。

（'85秋の号　ＮＯＲＩ）

S58　みんみん　6月27日生まれのグリコ&ナッツと

西独青年滞在に思う

10月6日から11日にかけて、ちろりん農園は珍客を迎えた。西独の21歳の若者でアントレアス君、身長197cm、足のサイズが32・5cmというノッポ君だ。自国で一ヶ月のアルバイトののち、メキシコからアメリカを経て日本へ入り、伊予市の福岡正信氏の所から自給の邑、そして我が家へという道程だったようだ。彼は独・英・仏・スペイン語をこなすので、十年振りのナマの英語の応対で四苦八苦しながらも夫婦で接待し足かけ5日（うち二晩は高縄山あたりで野宿）の滞在ののち、次の目的地である観音寺へ向った。彼が去ってからもしばらくは頭の中を英語が舞い踊っていたが、おかげで西独の若者の現状の一端を知ることができた。彼の語るところによれば西独で一番の問題は失業率の高さであり、特に16歳から25歳くらいの若者層では38%にもなるという。4割近い若者が職にありつけない状況にある主たる原因はトルコ人に代表される他民族の進出で、肉体労働や工場労働の大きな部分を占めており、住区域もいわゆるトルコ人街を形成しているとのこと。初任給が20万円程度、食料品は安く、暮らしやすいと思われる国でも若者に満足を与えるのは難しい。ここで多くを弁じるスペースはないが、政

近所で発見された珍しい桜（「陽春」）
現在は枯れてしまったが取り木した桜が育っている

治と若者の志向は重大な関係を持つということを思い知らされた。たまの珍客はよい刺激になり自分の11年前の在豪中のことをふり返ってみるよい機会であった。

それにしても、滞在中は我々と同じ玄米食をしてもらったが、散歩中に、落ちている渋柿を平然とたいらげ、赤トウガラシを1ケロにほうりこんでも全く平気なのを見て『異人』という古いことばを思い浮べた。味覚や体質はまさに我々と異なる人なのだ。小生はまねしてトウガラシをひとかじりしたが、一時間ほどはゴジラになって、火を吹いていた。

（'85秋の号　ＮＯＲＩ）

有機農業の中の虫たち

年があけた。昨年度も野菜やみかんはたくさんの虫たちに悩まされた。春、キャベツに群がるモンシロチョウやアオムシ、秋野菜の苗をかじるコオロギ、ヨトウムシetc.…、憎っくきやつらめと、見つけてはつかまえて昇天願う。しかし無農薬で野菜を作って八年ほどたった最近になってこの困り者の虫たちを心底憎いとは思っていないことに気付いた。初秋にあれほど俊敏にとび回ったコオロギが11月頃には簡単に鍬のえじきになるのはあわれだし、葉の裏でコロンとまるまっているヨトウムシも何となく気の毒な感じだ。心から憎いと思えば全滅させることを考えるだろうし、それなら農薬という手段がある。しかし、それをせずに虫たちとつき合っていると、〝憎っくき〟とはいっても、ライバル（好敵手）という感じで、自然の一部として受け入れてしまっている自分に気付く。このような有機農業的な〝敵〟のとらえ方には核戦争や人類の破滅を逃れる対処の道があるように思えるのだが、如何なものだろうか。今年もまた、ライバルたちと季節をともにしながら、よい野菜を届けたいと願っている。

今は葉のかげで、土の下でうつらうつらと春を待っている虫たちへ……今年もよろしく。

（'86新春　NORI）

あわただしい春に

十年以上も前のこと、小生はオーストラリアのバレイショ農家の世話になったが、そこの奥さんの弟が引越の最中にやってきた。クリス・シュラム君（29歳）で、彼は、日本にはないがオーストラリアには3000人ほどいるという足だけを診る医者である。日本を体で知るため、主にユースホステルを利用していた。海外から友を迎えると、日本の不自然な状態がクローズアップされることが多いが、今回は特に水の問題でそれを感じた。世界には三大悪水といわれる都市があり、彼の住むアデレードもその一つなのだが、その彼が東京の水のひどさには驚いた。とても人間の飲める代物とは思えなかったと言う。（しかし、丹原の水はとてもおいしいと喜んでいた）日本においしい水が残されているうちに、自然に目を向けねばいけないと痛感した。また、昨年9月に来たドイツ人のアントレアス君も言っていたことだが、クリス君も日本の野菜や果物はなぜあんなにそろっているのか、もっとバラバラでいいじゃないか、値段だってそのほうが安くなると言っていた。その通りである。本来の『たべもの』を『商品』に変えるために見ばえよく揃えるのを農薬の『化粧散布』というのだが、これが農薬使用量全体の五分の四にも達し、その結果日本の単位面積当りの農薬使用量は世界で一、二を争うほどになり他の欧米諸国の10倍といわれている。このような状況で、輸入ものより安全な国産ものを…とはとてもいえない。

今季はその他に、人前ではじめて話をさせてもらう機会に恵まれプレッシャーを受けながらも勉強させて頂いた。子供も保育園に通うようになり、また違った社会とのつながりができて考えさせてもらうことが増えそうだ。前向きに考えて楽しく夏に向いたい。

（'86初夏　ＮＯＲＩ）

1973年　オーストラリア滞在中

耕想・夏

昭和50年、朝日新聞に連載された『複合汚染』は各方面に大きなショックを与えたが、その中で故・有吉佐和子氏が〝私がこの仕事にかかってから出会うことのできた最も立派な方〟と評した奈良県五条市の医師、梁瀬義亮氏の講演及び座談会が、西条くらしの会などの主催で行なわれＮＯＲＩと潤が参加した。梁瀬先生のお話を聞くのは三度目だが、いつもていねいな語り口の中に仏教人としてのお人柄がうかがわれた。

先生のお話によると、私の生まれた昭和28年頃がホリドールなどの化学農薬の一般化された年でいわば公害元年と定義づけられるとのこと。合成化学薬品による慢性中毒は十～三十年後に害が出て、ガンなどの退行性疾患にかかり一～二十年で死亡、近年は老人でさえ早進性のガンが多いそうだ。化学薬品の洪水の中で働き盛りや若年の世代が死んで抜けてゆく…世界一の長寿国の座もあやういであろうとの指摘であった。

さて、子供たちも同じくであると思うのは、穂が保育園へ通うようになって、他の子供達の歯の状態を見た時である。虫歯だらけの子供の多いことは都会以上であろう。最近は農村の子供のほうが虫歯が多いと聞いてはいたが、どうやら事実のようだ。甘いものは食べさせていないという家庭でも、ジュースやコーラ、アイスクリームは、結構与えている場合が考えられる。歯の溶けている幼児は例外なく哺乳ビンでカルピスを飲んでいたという報告もあるのだ。歯が溶けているということは、背骨や精神までも溶けていると理解して頂きたい。２００ccの缶ジュース一本で一日の子供の砂糖許容限度量の3倍が摂取されることになる。未来を背負う子供たちを正しく導いてゆかなければならない。

夏はまた、虫の季節でもある。一晩中、蚊取線香やベープマットをつけっぱなしで眠っている方、キンチョールを台所、居間とところかまわずふりまいている方、これらは農薬と同一成分であるということをご存じだろうか。梁瀬先生のお話の中にも蚊取線香やベープマットに囲まれて寝ているうちに意識を失って運びこまれた子供の例や虫よけのためにとアースやフマキラーを体にぬり続けてセキズイをやられ足が萎え、十六年間寝たきりのまま死亡した例などがあったことから最近のように安易に、そして過度に、家庭内農薬に頼ることの恐ろしさを改めて知らされた。体調さえよければ、蚊などはあまり寄ってこないし、刺されてもあとが残らないものだ。網戸や蚊帳で充分だろう。虫さされのあとが腫れる人は酸性体質に傾いている証拠、肉・卵・糖分のとりすぎを反省して夏をエンジョイして頂きたい。

（'86盛夏　ＮＯＲＩ）

植物として野菜をみる

秋冬野菜の作付がひとまず完了した。ダイコン・カブ、ハクサイ、キャベツ、コマツナ、ブロッコリ、タアサイなどの十字花科の植物の多いのが秋冬野菜の特徴だ。有機農業で年間50～60種類の野菜をつくる者としては、同じ科のものを続けてつくる〈連作〉がないようにしなければならないので、つくる野菜がどんな植物の仲間なのか注意を払う。十字花科の他に多いのはユリ科の玉葱、ニンニク、ワケギ、豆科のエンドウ、ソラマメなどだ。では、同じ科に片寄らぬよう列の間にはさみこむ①ゴボウ②レタス③コムギ④人参⑤ホウレンソーなどは、どの科に属するかご存じだろうか？正解は、①と②はキク科、③はイネ科、④セリ科そして⑤はアカザ科。春、とう立ち後の花は各々の科の特質をそなえてそれなりに美しく、食べものとしてではない自然の姿を見せてくれる。アザミのようなゴボウの花、小さなジシバリのようなレタスの花、ギシギシのようなホウレンソー、それらを一輪ざしにさすのも生産者ならではの喜びである。夏野菜のじゃがいも、ナス、ピーマン、トマトなどがナス科のため、連作を避けるのに頭をいためるのと、とう立ち頃の野菜不足には毎年泣かされるけれど、その春を待って秋冬野

バンスリ奏者 Zee さんと舞踏家の竹之内淳《あつし》さんとともに

菜の手入れをするこの頃である。秋冬野菜は初期に農薬を少々かければあとは殆ど無農薬でできることが、近くの家庭菜園を見ているとよくわかる。しかし完全無農薬の我々は初期の頃、ひたすら虫取りに追われる。他の畑の立派な間引菜を見るにつけても、自分に課したものをうらめしく思うことさえある。どんな食べものを頂くときでも、その素材が土に根づいていた頃の姿を食卓で思い出して頂きたい。思い出せないものは食品として不適格なのではなかろうか。思い浮ぶものが決して食品工場の中の石油であってはならないと思う。人間の身体の中には自然がいっぱいつまっている。正しい自然を入れてあげたいものだ。正しい食べものこそが自然と人間をつなぐ大事な鎖である。

（'86秋　NORI）

チェルノブイリで何が起ったか ― 広瀬隆氏講演より

周桑郡の農業後継者の会の視察で伊方の原発を訪れたのはもう五年以上前のことである。美しい海と緑を背景にそびえ立つ巨大なドラム缶のような施設を目のあたりにして、海からゴジラが出てきて踏みしだいたらどうなるのだろうなどと、突拍子もないことを思ったものだったが、ゴジラ自体が放射能の産み出した巨大怪獣であるから、科学技術の進歩の方向を決める人間の心の中に、すでにゴジラは棲んでいたことになる。

広瀬氏の話はまさにそのこと…人間が地球を破壊し自らのみならず他の動植物をもまきこんで滅ぼす怪物であるということの証明のような内容だった。三時間にわたる恐しいその内容の一部をここに記してみたい。

チェルノブイリの原発事故はコバルト60が大気中で検出されたことから内部は5千～6千度以上と推定され死の灰の総量は10億キュリー（新聞報道の10～100倍）これまでに起きた他の事故で降った死の灰の全量とほぼ同じである。わずか5キュリーのコバルト60のためにアメリカで一家5人が100～200日の間に全員白血病で死亡したことを考えると恐るべき数字だ。原発は世界に４００基あるがチェルノブイリ型のものが最も頑丈だとされていたのだ。しかも４機あるうちの一つだけに事故があっただけであの惨事。

ソ連側の報道では死者32人であるが、付近の住民13万５千人は近いうちに白血病で全員死ぬことが予想される。付近は死の灰で汚染されつくしポーランドや東独では特に深刻で、昨年ヨーロッパの女性の中絶が前年の10倍であったことが人々の不安の大きさを示している。全ソ連の30％の生産力を持つウクライナの穀倉地帯も汚染されているはずなのに、報道では同地帯は昨年度は史上最高の収穫高であったとのこと。つまり全部収穫されたのだ。そして恐しいことにそれら汚染された収穫物は他国へ輸出し、米国から穀物を大量に買付けたあとがうかがえる。それらが巡り巡って日本のパンやうどんやビスケットに入る日もそう遠くないだろう。食糧の７割を輸入している日本としては他国のことなどといってはおれないはずなのに事実は殆ど知らされていない。報道の覆いかくしの多い国はソ連、フランス、そして日本の３国だそうだ。改めて食料輸入をはじめ生活のまわりを見なおす必要を感じた。

広瀬氏は断言する。10年以内に再びチェルノブイリ級の事故が必ず起きる。おそらくは40基あるフランスか、33基ある日本のどちらかで。仮りに茨城の東海村でそのようなことになれば、周囲１０００㎞の農耕地は使えなくなり日本農業は壊滅とのこと。

なんというモノを人間はつくってしまったのだろう。しかし一日一日の明日はあり、命の続く限りヒトの存続を願い信じるしかない。そのために正しい知識を一人一人が持つことが必要なのだ。

（'87春　ＮＯＲＩ）

引越しのお知らせ

10月27日より新居に移っています。TEL No.は以前と同じ、住所は丹原町来見乙131です。四国に足を踏み入れ、丹原町にみかん園を購入して10年余、転居すること五回、その間に仲間は他の地へ、各々結婚し家族も増え…と色々ありましたが、私達の代ではこれが最後の転居、やっと棲み家、安住の地ができました。これで遠方からのお客さまにも泊って頂き語らうことができます。ここに至るまで、たくさんの人たちが私達に温かい手を延べ支えてくれました。手続き上のアドバイスを下さった役場や普及所の皆さん、たてまえの時一丸となって実力を発揮した地元農業後継者わかば会の人たち（自給の邑からもＤｏｎ氏が参加してくれました）無理な注文を快く引受けて下さったO製材一家の皆さん屋根瓦をふいてくれたK君、左官は西条市で自然保護に情熱を燃やすA君、大切な水を自分の山から引くことを快く承諾して下さったOさん、その他大工さんたちは勿論地ならしや水を引くに当って、地元の人たちに、ほんとうにお世話になりました。この家は、こういったたくさんの方々のおかげでできた家であり、それこそが財産であると感じています。最後に、私と妻のそれぞれの両親に感謝の意を表わし、この家が食や生活を見直そうとする人たちが集い、人生を語り合い、歌う場となることを願っています。

（'87初冬　NORI）

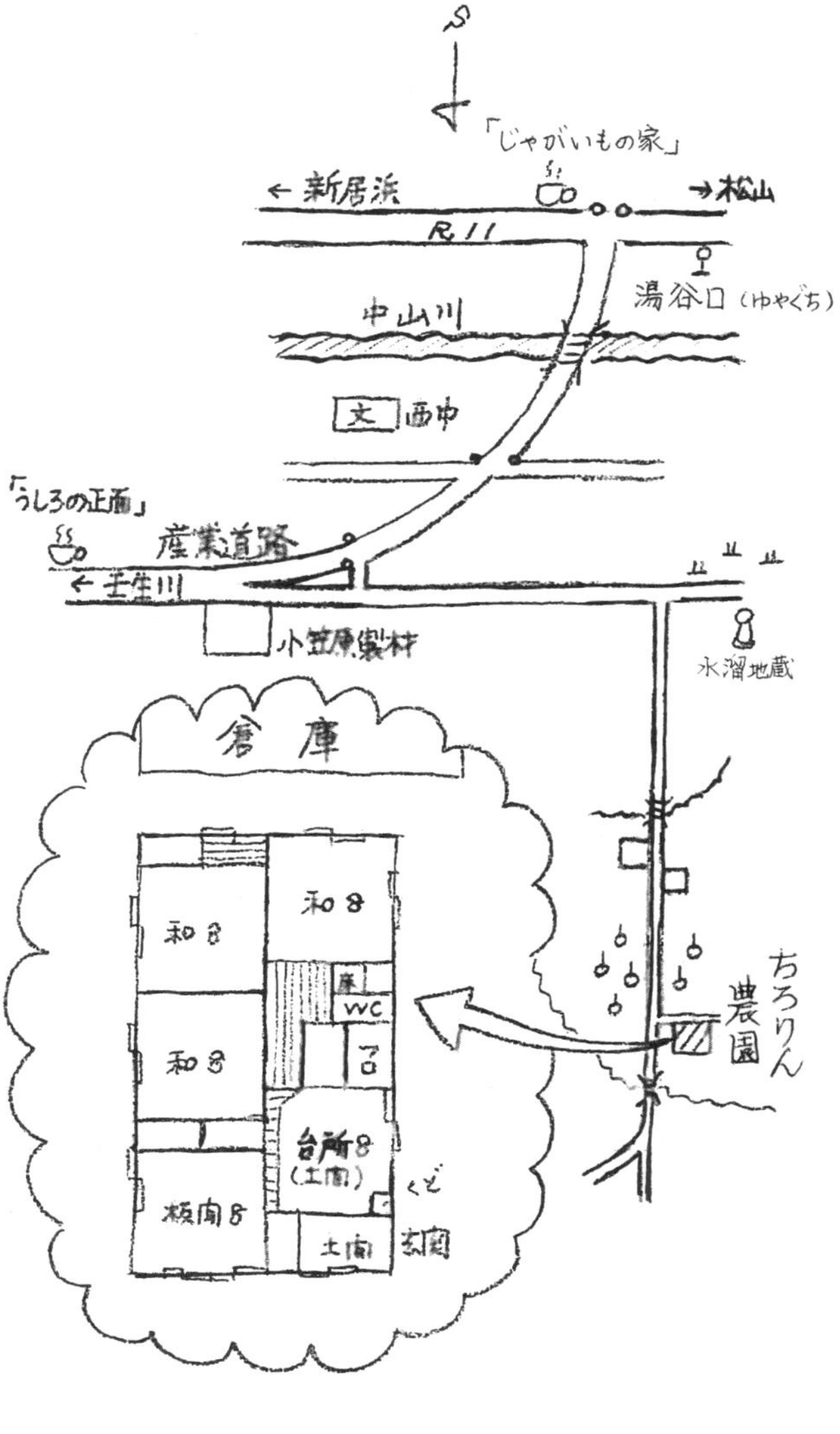

映画「ホピの予言」を見て

アメリカ・インディアンの小部族であるホピ族に、何千年もの間語り継がれてきた予言には、広島と長崎への原爆投下が示されていた。ホピ族は彼らの住む砂漠が地球の中心であると信じ、地中にウランがあることを知っており、そのウランに手をつけてはならないと語り継いできた。なぜなら、ウランを掘り出すことが、この地球を狂わせることにつながると伝えられていたからだ。かつて、未開の野蛮人と思われていたインディアンのほうが、文明の力で彼らを追いやってきた白人よりも平和や人間として生きる道についてより深く知っているのである。ホピ族の長老たちは、昔ながらの自給自足の生活を営みながら、自然の秩序に逆らってバランスを崩した現代に警告するため全世界にメッセージを送り続け、人間が再び平和で自然な生き方に立ちかえるよう祈り続けている。

人間は本来、素朴で平和に満ちた生活を送れるように生れついていたにちがいない。それが人間の分を越えた文明を持ったために自分で自分を破滅に導いている。9月に「風が吹くとき」を見て、善良で従順なだけではどうにもならない今の時代を感じさせられたばかりである。何も知らない、何もしないということは積極的な意味ではないにせよ、この破滅に加担していることになるのではないか。

第二次大戦時に出征を拒否して十数年も投獄されたというホピ族の長老たちの勇気と信念を私たちも見ならうべきではなかろうか。

（'88新春　ＦＵＳＡＫＯ）

畑のジャガイモの葉陰に鳥の巣が！　ヒバリのヒナたち

食糧・食品からたべものへ

円高による輸入食品の急増で、田舎のスーパーにまでも我々が今まで口にしたことのない果物や食品が並ぶようになった。加えて、アメリカをはじめとする諸外国からの農畜産物市場開放要求はますます強まっている。食糧自給率は年々下がる一方であり、'86年の熱量ベースでみれば51％、家畜の飼料の輸入まで考えると30％代まで落ちこむほどだ。この二十年間に自給率を低下させた国は、ポルトガル、レバノン、アンゴラそして日本の４ケ国だけだという。マスメディアを通じての官民一体となっての〝地ならし〟が効を奏してか、自由化はやむを得ないという空気が農村にも浸透しつつある。このあたりでも荒れたみかん園がますます増え、農家が交わす会話の中に、将来の希望や気力がうかがえなくなってきた。就農する人間よりも医者になる人間の数のほうが多いというのが今の時代なのである。

しかし、5月22日港湾労働組合書記長、小川昭夫氏の講演『恐るべき輸入食品』で、港では日常となっているずさんな荷の保管やポストハーベスト（＝収穫後）農薬としてのくんじょうの実態を聞き、続いて5月26日高木仁三郎氏による、チェルノブイリ原発事故後の食品汚染と輸入の問題として現在の日本の輸入食品の基準値370ベクレル／kgはあまりにも甘すぎること。せめて10ベクレル／kgにすべきであることなどを聞くにつけても輸入食品には少なからぬ問題があると思わざるを得ない。外国、特に出所のはっきりわからない国に依存する〝食〟というのは恐しい。

私達は仏教でいうところの殺生《せっしょう》なくしては生きられない罪深い存在だ。動物にせよ植物にせよ生きている命を身体にとりこむことによって生きているのが、人間なのである。だからこそたべものに感謝して正しい命をとりこみたい、そう願ってできるだけ安全な農作物をつくり、直接食べて下さる方に届けているのです。

（'88初夏　ＮＯＲＩ）

一ヶ月に一度出産するウサギ

NO！と言おう、照射食品

原子力の平和利用ということばをそのまま容認したばかりに、世界各地に原子力発電所が世界各地に建設され、あのチェルノブイリの事故から、はや三年が過ぎようとしている。最近になって、チェルノブイリ周辺の村の人々が避難を命じられたとのニュースが伝えられた。事故から三年の年月をへてのこの処置、他の事故とはやはり性質が全く違うものなのだと再認識させられた。

さて、原子力のもう一つの平和利用と銘うって、食糧輸入大国日本を虎視眈々と狙っているのが〝照射食品〟である。食品に放射線を〝照射〟すると玉ネギやじゃがいもの発芽が抑制され、食品に付く害虫・寄生虫を殺すなどの効果があり、食品のロスがなくなるというものだ。この照射が原発事故による食品の放射能汚染と異なるのは、食品が照射によって放射能を帯びるのではなく、新しい化学物質が生じるというところである。〝照射食品〟を食べ続けたラットには繁殖能力の低下、死亡率の増加、胎児異常、睾丸と卵巣の重量減少などが顕著であり、これらの実験結果を隠そうとする推進側のおきまりのデータ捏造も暴露されている。照射小麦によるインドでの非人道的な人体実験では、白血球の中の染色体数が、通常の倍になったそうで、最近これと似た現象が、原発労働者の血液中でも起こっているという。

現在のところ、日本で実用化されているのは、北海道士幌農協のじゃがいもだけだが、他の品目についても追認される可能性があり、外国でも同様の状況で、輸入食品の洪水の中、今食卓に上っているもので照射食品の可能性のあるのは、韓国産マツタケやクリ、玉ねぎなどだ。しかし、今後消費者がＮｏ！と言わない限り、タイのエビ業者などはＧｏサインを手ぐすねひいて待っている様子。フロリダではオレンジやグレープフルーツ用に急ピッチで施設を建設中とのこと。士幌産照射じゃがいもが学校給食などにもし使われていたらそれこそ非人道的な人体実験。今のうちに、しっかり見つめて、きっちりＮｏ！を。

＊2月15日の西条くらしの会における高橋氏のお話と現代農業4月号を参考にしました。

（'89春　ＮＯＲＩ）

抱卵中のウコッケイとかえったヒナ

ミニラとタロウ

ついに我が家も犬と猫というあたりまえのペットを飼うハメになってしまった。ノラの根性に負けたという感じのそのいきさつは……。9月下旬頃から借地畑のとなりの空地に声も出せぬほどみすぼらしくやせ細った仔猫一匹と仔犬数匹がすてられて住みついていた。「かわいそうだけど、肉にも卵にもならないペットを飼うゆとりはまだないんだ」というこちらに対してまず行動を起したのはガリガリの仔猫。NORIのバースデイの10月8日に車の荷台に身をひそめて我が家まで密航したのだ。「あっ、仔猫だ!」という子供たちの声ではじめて気付いた次第。居ついて数日で顔からしっぽまでよく肥り、こちらが与えるエサ以外にも、コオロギ、バッタ、ヘビ、カエル、勿論ネズミまで捕えてオヤツにしている。自ら飼い主を選び、今の生活をかちとった根性は立派。名前はミニラ(♀)。仔犬のほうは10月23日に連れてきた。一緒だった兄弟たちは拾われたり(?)車にひかれたりで、二週間で一匹だけがサバイバル。愛想のつもりで畑を走り回り玉葱苗を踏んでいつもおこられていたが、このままでは長く生きられないだろうし、畑も荒らされる、子供たちの願いもあってついに首輪をつけてやることになった。名前は、ウルトラマンタロウからとったタロウ（♂）。もともと同じノラ仲間気が合うのかいつもじゃれ合って、小屋代わりの段ボール箱に一緒に入って寝ていたりする。自分で選んだ今の地位のミニラ、生き残った者勝ちのタロウ、どちらにも頭の下がる思いの自称、飼い主NORI一家である。ミニラには倉庫のネズミ退治タロウには番犬とマムシ退治を任す。

（'89秋　NORI）

穂とミニラとタロウ

新しい出会い・新しい刺激

丹原町内の様々な職種の人々で外から町を眺めた経験のある人々が中心となっている丹原若者塾という会に入れて頂いたおかげで、いわゆる〝地域おこし〟の活動の中心となっている人たちと知り合ったり、お話をうかがったりする機会に恵まれた。その中で心に残る言葉や事柄などを三つ紹介してみよう。

その1…『ボランティアというのは義務ではなく権利である』この言葉を耳にして本当に気が楽になったという女性がいた。どの人にも社会に関わり自分が役に立っている。生かされていると感じる権利があると思う。地域の中に入って地球に生きる、そんなことを感じながら社会に関わりたいと改めて思った。

その2…様々のむらおこしの成功例は、突如出現した訳ではなく、その地域の人々が長い間あたため、高めあっていたものが形となったもので、その力を『地域力』という表現していたのは新鮮だった。丹原若者塾においても、地域力を高めるため、まず個々の力と情報をたくさんインプットしてゆきたい。

その3…地域で生き残る、例えば観光や保養地で立町しようと思えば、その基幹はやはり健全な第一次産業であるということを改めて教えられた。村おこしの成功例の代表のように思われている、大分の湯布院町の実例から地域おこしについても外からの大資本に翻弄されている。基幹産業である農林漁業の10年後20年後の姿をきちんとしたものにしなければ、その町にいや国にも明るい21世紀はやってこないと思い知らされた。そのためにも、水・空気・資源のあり方を他の生物たちの観点からもう一度学びたいと思った。

外から受ける刺激は新鮮で、世界がひろがるのが嬉しい。

その1…生活文化若者塾交流会（西条管内）にて
守谷和久氏講演による
その2…えひめ地域づくり集会にて、
亀岡徹氏による
その3…えひめ地域づくり集会にて、大分県湯布院町
緒方重成氏による

（'90早春　ＮＯＲＩ）

私達の望むものは？

大阪に生れ育った小生は、'70万博の時高校2年生いわゆる青春のまっただ中、日本全体は経済成長のピークにあって、みんなが明るい未来を信じていた、そんな時代だったと思う。あれからちょうど二十年、大阪は今度は花の万博で浮かれている。かつての万博当時、父はホンダの70ccのバイクをスバル360に買い換え、時代が進んでゆくのを感じたことだろう。しかし、現在所得でいえば日本の最低クラスを自認している小生の家にさえ、ボロいながらも軽四が2台ありラジカセもカラーTVも再生専用ビデオもあって、昔見損なった名作、最近の話題作を楽しめるのだ。そういった結構な生活の裏側には、アメリカが四つ分も買えるような気違いじみた地価や、資源のない国とも思えぬほどの資源のムダ使いの使い捨て文化、農薬化粧で世界一の美しさといわれる果物や野菜、森喰い虫といわれながらもOA化で増える一方の紙のゴミ、リゾートだリゾートだと浮かれて森林をつぶし、農薬が水源を汚すゴルフ場やスキー場、そして極めつけは、どんどん使いましょうというコマーシャルとこんな便利な世の中なくなったら困るでしょうとの脅しのもとに作られる原子力発電所…etc. があるわけで、これすべて国民の

『便利』の選択と政治家諸氏はおっしゃる。そして、みんなが仲よく愛情をもって物々交換するのではGNPがゼロなんだからね、愛情にもきちんと値段をつけなさいと、有機農業を高付加価値農業と位置づける農林水産省。人間は自然から生かされているということを感じ、自然の循環に寄り添って生きることを幸福と思い、その実現に少しでも近づこうと頑張っている私達は狂人なのだろうか。しかし、生き物としての節理を体内に組み込んだ人間であることをやめない限り、宇宙と自然の法則からは逃れられない。そのことを中心にすえて生活を組立ててゆきたい。そのために捨てなければならない『便利』や『快適』ならば捨てていける、そういう選択をしなければ、21世紀を自分の子供達に残せない。90年代はそのための時代だと思っている。この十年の間に40代になる。いつまでもKeep on rolling.

('90春　NORI)

構想…丹原はしっこツアーに思う

山羊のセーラを舩川皆農塾の坂根さんに養女にして頂いた折その素晴らしい環境の中でお話をうかがったこと、又『兎の眼』『太陽の子』などの著者である灰谷健次郎さんがつくった太陽の子保育園で八年間保母をしていた白石牧子さんが実習生（？）として通ってくれるようになったことなどが、ちろりん農園の生活に快い刺激を与えてくれている。周囲の草木を生かして番茶、紅茶、アマチャヅル茶、ビワ茶…と次々挑戦する彼女を我々は秘かに『お茶女』（おちゃめ）と呼んでいる。諸々の刺激と偶然が重なって、この丹原町の10年後、ちろりん農園の十年後を考える意味で、町の奥で過疎化しつつある集落や、炭釜、廃校舎やログハウスなどを見て回る丹原はしっこツアーを計画した。参加者は我々夫婦と牧子さん、そして6月3日の丹原若者塾とひとのわ21の交流会ではじめてお目にかかった松山の農家の植松氏、運転手兼案内人は若者塾のメンバーで自らの居住環境と山と緑を愛してやまないヒデヤス君である。千原小学校跡では、ほんとにすてきな手づくり家具を製作している千原工房の人たちにめぐり会った。皆さんも機会があればぜひ一度のぞいてみて下さい。自分で建てた丸太小屋にあんな家具を入れて自給自足の生活を営み、折々にステキな仲間がたずねてくれて語らえるようなそんな将来を夢見ながら、地球の生命、次の生命のために役に立ってゆきたいと改めて思った。

（'90夏　ＮＯＲＩ）

メンドリたちにひかれてオスのキジが迷い込む

有機農業研究会の二十年に思う

日本有機農業研究会の第19回総会が松山のホテル奥道後で開かれ、是非一度お目にかかりたかった方々と話を交すことができた。会誌「土と健康」に立派な意見を述べ、数々の本を著わされている方々にちろりんだよりを渡すのは少々気がひけたが、よい出会いの機会を持てたことは有難い。有機農研も創立二十年目に入ったが、この二十年間に有機農業という言葉はとりあえず市民権を得て、今や一般のデパートやスーパーでも〝有機野菜〟を見ることができるようになった。にもかかわらず有機農研の会員数は減少の傾向にあるという。小生らが会誌「土と健康」に初めて接した十二〜三年前は、その一つ一つの記事にそれまで自分の知っていた世界とは別の〝真実〟が詰まっていて刺激的であった。現在のちろりん農園のありようは「現代農業（月刊・農文協）」によって場を与えられ「土と健康」によって進む方向を与えられたといっても過言ではない。しかし、その編集方針があまりにも潔ぺきであったために、同じ方向を向こうとしている人達を包括的にとりこめなかったことが、現在の会員減少につながっているのではないかと思う。日本有機農研を21世紀につなげ、日本農業を変え得るポテンシャルを高めるためにも、中枢部の若返りと「土と健康」の編集方針の改革が必要であると思われた。

幸い総会後ののみ会で乱入した有機農研青年部の人達の熱意が伝わり、希望を持つことができた。たとえ出会いのためだけの総会であっても、各方面で質の高い活動を展開している人達が集えるこの会は続けてゆくべきだと感じた。

（'91春　ＮＯＲＩ）

四国特有の白いタンポポ

自然ってなんだ？～四国の天井、大野ヶ原で思う～

四国の数少ないブナの原生林を守るために立ち上った人達の中心人物が丹原町出身だということを『愛里』というふるさと通信誌で知り、その守られたブナ林を歩き、守った人達に会いたいとの思いから、若者塾の仲間と４名で〃四国の天井から環境を考えるシンポジウム〃に参加した。そこで自然とは何かというかなり哲学的なことが話題になった。自然の対語が不自然或いは反自然ならその具体例を上げることはたやすい。しかし、参加者の中には自然を破壊する人間も又、自然の一部であるのだから、都会のビルディングの林立も自然であると言う人々さえいた。何かを云わんやである。

実際にブナ林の中を歩いてみた。スギ・ヒノキの人工林に比して明るいし下草も豊かだ。コルリ…ヤマガラ…シジュウカラ…カッコウ…小鳥の声も楽しい。そこで思う。人と自然とのかかわり方を今見直さねば人類自体が自然淘汰されるときが近いと。子供のいる私達は、人類を次の世代につながねばと思い、更にもう一つ次につなぎたいと切に願う。

動物学者のムツゴロウこと畑正憲氏が最近こう言っていた。〃今もはや自然と人間の共存はありえない。人間に課せられた命題は遠慮ということだろう〟と。確かに、いわゆる歯止めを知っていた民族が、文明人に滅されていった歴史を思うと、今こそ全ての人々が、地球環境に対して遠慮しながら生きてゆくことこそ重大な使命であろう。日本中のどんな田舎も世界につながってしまっている現在、ひとりひとりの遠慮が次の世代へとつなぐ。そんなライフスタイルを楽しみながら、つくり上げてゆきたい。そういう目で見渡すと見習うべき先輩たちがたくさんいる。手づくりエネルギーに、取組んでいる人たちをまず見習ってゆきたいと強く思うこの頃である。

（'91夏　ＮＯＲＩ）

闘う雄鶏

台風19号に思う

9月28日夜に愛媛県を通過した台風19号は我が家の鶏舎の屋根をぶっとばしてゆき、おかげで80羽ほどの鶏が続く二日ほど野良ドリとなってそこらを走り回る羽目となった。

台風一過鶏二晩の星あをぐ

しかし翌朝、我が家から見おろした丹原町はその何十倍もの被害を受けたことがわかり、更に数日後、長年有機農業に取組んできたIさん宅の倉庫のあと片付けを手伝いに生協の人や友人とともに訪ねた、今回最大の被害を受けた中島町の惨状を見たとき、この台風、つまり雨をともなわずに強風だけが猛スピードで走り抜けた19号台風のすさまじさを実感し、我が家の被害の軽さと、持ちものや財産が少ないという裸の強さを逆に感じてしまった。天は時として、人間が十年二十年と培ったものを一瞬で無に帰す。それは、今噴火中の普賢岳にもいえることだ。そしてその与える打撃は、特に自然に負うところの大きい一次産業である農業、漁業に強いということを今さらのように思い知らされ複雑な思いを禁じ得ない。永年作物である果樹を枯死に至らしめた塩害の実態を目のあたりにしえ言葉を失なった。

しかし、人々は生き続ける。黙々とあと片付けをし、又次の段取りを考え、行動し、新しい夢と希望に向かう。そのたくましさ！倉庫に流れこんだゴミや木ぎれを片付けながらIさんは言った。「つらい、せつないというのは昨日でやめた。今日からこの場所で、次に自分たちが何ができ、どう行動するのかみんなでやってゆく。」そして土を改良し、野菜づくりに取組む段取りを述べられた。いざという時の農民の強さに感動した。今後の中島町の再生を見守り応援したいと思う。

八幡浜や青森にも農民の友人知人がいる。何の手助けもできませんが、心からお見舞申し上げ今後の活躍を祈ります。

（'91秋　ＮＯＲＩ）

ミルク

4月に我が家に来た時は、ヒスイのような緑の目をした600g足らずのチビネコだったミルク、パン屋さんのお下がりのチーズとシーチキン、そしてトリの飼料のいりこを自主的に食べて七ヶ月、なぜか瞳は茶色に変わり、今や堂々たる5kgネコ。喘息傾向の人間が二人いるので、家の中には入れず、倉庫と我が家の敷地の家以外の全てをテリトリーにしている。一度もシャンプーしてやったことはないのに、いつも胸毛はまっ白で美しい。オスネコは大人になると飼い主にヨソヨソしくなると聞いたが、たとえ姿は見えなくても「ミルク！」と呼べばどこからともなくとんで来る。足もとにじゃれつき人を歩行困難にさせ、畑では作業する手にじゃれついて邪魔をする。ものかげにかくれて、人が通りすぎる瞬間、ワッと両手（いや両前足かな）をひろげてとび出しておどかすのが大好き、びっくりしてやるとすごく喜ぶ。玄関脇の郵便受けがお気に入りで、朝、玄関をあけるとたいていそこに坐っている。子供達の登校時にはおさえていないと、トコトコついていってしまう。尤も200mばかり行った所がテリトリーの境らしく、そこまで来るとまるで目に見えない線でも引いてあるかのごとくピタッと立ち止まってそれ以上は進まないのだが。

夕方になると石垣の上の一番見通しのよい所に坐って道の方を眺めている。どうやら恋人を待っているらしい。ネコが妙に人間くさく見えるのはそんな時である。

夜はヤギのすももちゃんと一緒に寝ているようだ。

（'91初冬　FUSAKO）

愛猫ミルク

北からの風・南からの風

昨年末から3月上旬にかけて、我が家は秋田からの風「わらび座」の髙原梓さんと、マレーシアからの風、フェニン君のおかげで、実に刺激的な日々を送った。二人とも10歳以上年下だが、尊敬に価する若者たちだ。

わらび座の『ブナがくれた笛』という、森と水と開発をテーマにした劇の丹原町公演主催を若者塾で引き受けたため、舞台の段取り、ポスター貼り、チケット販売と何から何まですることになった。梓さんは愛媛県内の公演のためのいわば外渉係で、丹原町を担当の一つとしていた。彼女は21歳、わらび座で生まれ育った生粋のわらびっ子である。自然と文化のかかわりをきちんとつかみ、それをのびのびと明るい表現力でおじることなく人に伝えることができる、その意識の高さ、自己の確立度には驚くばかりだ。

一方、平飼い養鶏の会で知り合った「オイスカ」という技術援助団体から依頼されて、帰国前の一ヶ月ホームステイしたマレーシア・サバ州出身のフェニン君（25歳）は、素直で勤勉な青年だった。たった三ヶ月の集中レッスンで覚えたという日本語は日常会話に事欠かず、農業を大切に思う気持ちを充分に私達に伝えうるものだった。私達のほうも、東南アジアの一国という認識しかなかったマレーシアという国の人や暮らし、そして地球と日本とのかかわりを彼を通して知ることができ、自分たちに何ができるかという問いをつきつけられる思いだった。一番印象的だったのは、マレーシアのボルネオ島にあるサバ州とサラワク州だけでマレーシアの木材輸出の70%以上を占めていること、そしてそのかなりの部分が日本向けであることから、彼やバングラデシュ、フィジーなど他国からの研修生も、日本にはすでに木が一本もなく、ビルだけが建ちならぶ平らな国だと思っていたということだ。ところが来てみれば緑豊かな田園風景に取りまかれていたというわけだ。自分の国の山ははったらかしにして、よその国の木を金にモノ言わせて根こそぎはぎとる。（実際、このままだとあと四年でサバ州の木は消えてしまうという。）何とも恥ずかしい話ではないか。

今、政治家たちが一番興味を持っているのは、お金になるからという理由で、外務省担当のＯＤＡ（政府開発援助）だそうだ。このように、金の光る所へ人が集まる限り、リクルート↓共和↓佐川へと続く政界の体質は変わりそうにない。一人一人が政治にも自分自身にもきちんと目を向けて、つつましやかさを取り戻さねばと改めて思った次第である。（'92春　ＮＯＲＩ）

フェニン君の滞在に思う

我が家を訪れて、二、三日、或いは一週間ほど滞在していった人はこれまでに何人もいたけれど、一ヶ月という長期間しかも外国の人ははじめてだった。何のトラブルもなくお互い楽しくすごせたのは、フェニン君がとても立派な青年だったからだ。彼は養鶏の勉強のために我が家に来たのだが、彼が私達から学ぶ以上に、私達が彼から得たもののほうが大きかったと思う。私自身知るということ、学ぶということの本当の意味を、久々に実感した。たとえばマレーシアという国についてどんなにたくさんの本を読んだとしても、それは知識だけで、彼という人に会い、話をすることがなかったら、それは私の裡でこんな風に生き生きと血の通ったものにはなり得なかったろう。彼と一緒に生活するチャンスを持てたことを、私はとても幸運だったと思っている。

昨年4月から一年間、私は丹原町主催の国際講座を受講した。講師の松下先生は、しばしばwarm heart、ということばを使われる。それは地位だの学歴だのという余分なものを取り去った一人の人間としての思いやりの心であり、境遇は違っても同じ人間同志として向き合う時に生まれる心だと思う。次代を担う子供たちにも、国は違っても同じ時代を生きる人間として語り合い、助け合える気持ちを育ててやりたいものだ。

（'92春　ＦＵＳＡＫＯ）

オイスカからの研修生マレーシアのフェニン君と石鎚成就社にて
フェニン君、生涯初めての雪！

春の酔ひ―酒づくりの今と明日

この4月より日本酒の級別が廃止になり、いよいよ本格的な品質の時代がやってきた。ちろりん暦にあるように『梅錦』『京ひな』の酒蔵を訪ねたり、生協のどぶろくづくりの催しに参加したりで、この3～4月に飲んだ日本酒の銘柄は20を越えた。良い酒を愛する丹原若者塾(TYC…別名、TYC、ただの酔っぱらいクラブ)のまさに面目躍如というところであり、その殆どが純米吟醸なのがNORIの幸せである。

純米といえば米100%。1升分でおよそ1kgの米が使われる。しかし、その米のつくり手のお百姓も、酒のつくり手の杜氏や蔵人もいわゆる3K職業視されて後継者がいないという問題に直面している。梅錦の名杜氏、山根福平氏の話では、氏が蔵人として酒蔵に入った時は10代で最年少、そして酒づくりの頭である杜氏になった今も蔵の中では最年少だそうだ。蔵人の平均年令も60歳近くになるという。

酒の原料である米も今や自由化は避けられないとの新聞の論調である。以前TVで農民作家の山下惣一氏はいみじくもこう言った。「自由化するなら、百姓にも酒づくりをさせろ。どぶろくを作り自由に売れるようにしろ」と。酒税法によるどぶろくづくりの禁止は、明治32年戦費調達のために施行され、当時は国家税収の1／3を占めたというが、現在では全税収の3％ほどにすぎない。そして現行法において酒づくりの免許を得るには、年内に60kℓ以上、すなわち1升びんにして3万本以上をつくらなければならないのである。

一方、農文協からシャンパン風どぶろくづくりや、趣味の酒づくりという本が出版され、週刊誌にもその本を見て実際につくってみたというレポートがのせられるなど、今や、この法律も骨抜きにされたも同然で、もし今、自分で酒をつくる権利を主張して、裁判で戦えば、違憲の判決が出る可能性もあるという。趣味や片手間でつくられるどぶろくやワインに負ける日本酒しかつくれないようなメーカーは滅ぶがよい。1982年に、2600社あった日本酒の蔵元が今や、2000社を割ろうとしている。プロの世界は生き残りの時代を迎え、日本酒も百花繚乱、色々な華を味わえるようにつくる人も21世紀へつなげてゆきたい。

（'92初夏　NORI）

バック・トゥー・ザ・'60s (Back To The '60s)

浪費や飽食に走ることなく、ちょっと前まであたり前のことだった生態系に沿ったつつましやかな生活を取り戻そうとと主張し続けるのがちろりん農園の基本理念である。では一体どこまで昔に戻ればよいのか？ゴミ問題、反原発その他の環境破壊に関する講演会などでは講師たちは概ね三十年前に戻ろうと言う。三十年前、１９６０年代…それは、自分が息子達の年齢の頃の社会である。その三十年間に何がどのように変わったかをものの値段でみると…たとえば、一般のサラリーマンから総理大臣に至るまで給料は10～12倍になった。それ以上の値上りをしているのは、煙草（20倍）国公立大学授業料（25倍）大工の手間賃・風呂代・散髪代（15～20倍）などである。それに比べて、生活の基本となる食べものはというと、米（4倍）塩（3倍）砂糖（2倍）牛乳（5倍）などで、食費への負担はずいぶん軽くなったといえるだろう。中でも鶏卵は（1～1.5倍）とケタ違いに安くなっているので『物価の優等生』と賛辞を送られることが多い。しかし、それはとんでもない勘違いだ。企業的努力の結果としての安価な卵は、食品添加物や抗生物質の不安を抱えた食べものとしては不健全なものであり、それを産むニワトリは狭いカゴの中でストレスの毎日、養鶏農家は何万羽と飼っても、やってゆけない。つまり、トリも飼う人も、そして食べる人たちもこの30年でみんな不幸になったわけである。

ニワトリが動物としての本来の姿で地面を走り、砂浴びをし、青草をついばみ、飼う人がゆっくりそれを見守り、生産物である卵が食べる人に感謝されて体内に摂りこまれ健全なタンパク源となる。アトピーアレルギーという言葉のない未来を築くためのヒントがバック・トゥー・ザ・'60sだと思う。そういう卵なら、今の社会では一ケ150円を主張できるだろう。その主張を受け入れてくれる人たちが増えた時こそ農業が健全になり若い就農者がふえ、社会全体がゆったりした21世紀を迎えることができるだろう。

体を張ってものをつくり、育てる人たちをおろそかにしては、21世紀の子供たちに健康は望めないと思うこの頃である。

（'92夏　ＮＯＲＩ）

「ウマ」と呼ばれる足踏み式のもちつき機

てんこもりの夏

地域おこしに熱心な人たちが『ハコもの』と呼ぶものがある。〇〇センターとか文化会館とかの名称を持っており、わが町丹原にも30億円近くをかけた文化会館がただ今建設されつつある。殆どが税金からの出資で、その負担額は、生まれたばかりの赤ちゃんから寝たきりのお年寄も含めて町民一人あたり20万円。我が家のような四人家族は80万円負担したことになるのだが、カラオケと魅力のない講演会くらいにしか利用されないとしたら、空間の墓場を作るのに協力したことになってしまう。何とか、より多くの町民が楽しく利用したり、若い人達の心に残る使い方をしたいと考えた人たちが、文化会館を念頭において、わらび座の講演に走り回ったのが今年のはじめのことである。ＮＯＲＩも色々考える材料にしようと、いくつかのイベントの現場に身を置いた。

まず、丹原町報の片隅に『東予の夕べ』実行委員会参加の呼びかけがあったので応募したら、オープニングからの一時間を任せるから好きにしてとのこと。バンドを組んで音響設備の整った所で歌ってみたいなとだけ思っていたのに、その一時間を埋めるべくバンド部門のイベント

民宿「わら」の船越一家来訪

をコーディネイトしてPAの人と連絡を取り合って…と、新しい世界で楽しめた。

メンバーは次のとおり
○T・Y・C・B（たんばらよっぱらいクラブバンド）　私達夫婦と仲間
○Shin Ku Kan　吉田町の人達の明るいポップスバンド
○舶来屋　地元のギンギンのハードロックバンド
○ゴム&ゼリー　NHK BSヤングバトルで県代表になった女の子五人のケバ・バンド

しかし『東予の夕べ』の前日、台風10号で鶏舎の屋根が再びぶっとばされ、一晩中ニワトリたちは暴風雨にさらされ、数羽のヒナ鳥が圧死した。

そんな状況の中ゴムとゼリーのメンバー達を家に泊め、翌朝うしろの山（とんだトタン屋根や木材を集めて積んだ軽四が、溝にはまってひっくり返ったのをそのままにして、コンサートに突入、持ち時間を終えるや家へとって返して鶏舎の修理。ステージの上のあの華やかな10分間は夢かというようなてんてこまいの一日だった。

その他にも西条でジャズライブを企画したサイクルショップのTさん主催のキャンプ、岡山の民宿『わら』のFさん一家の来訪、大阪の祖母に会いに行ったこと、小松町でのリンドバーグコンサートの手伝い、もろもろの会合…etc.etc. ちろりん一家の夏はこのひとこと、てんこもり！

（'92初秋　NORI）

土に触れ人に会い幸せに厚みを

10月24日は何とどたばたした日だったのだろう！　午前中朝日新聞の取材があり、丹原町の国際交流のこともいずれ記事にしてもらおうと若者塾々長も話に加わり…父親の入院・手術で母親と行動を共にする妻に代わって子供たちに昼食を食べさせ…昼休みをとる間もなく次々と松山大学の学生たちが来訪、教授の立田氏も加えて約30名となる。立田氏の奥さんが一昨年わが家で行なった手づくりこんにゃく教室に参加されたのが縁となり、10月20日松山大学のゼミのゲストスピーカーとして呼んでいただいたのだが、それに伴なう訪問授業でわが家の循環生活の体験をということになったのだ。話をするかたわら、サツマイモほりや夕食の支度を手伝ってもらい、夕方解散の後、残った6名の宿泊希望者とともに西条のサイクルショップ「ウインズ」でのフォルクローレコンサートに…我々は前座に出るというのに譜面を忘れ、リハーサル四曲本番一曲でワケのわからないうちに終わる…「ソル・ナシエンテ」の演奏はすばらしかったけど…コンサート終了後、ハコバンに○人乗って帰宅…いろりを囲んで語り、歌い…。

約20歳年のちがう学生たちと接してみて思ったのは、子供時代の生活で土に触れ自然に触れる機会を多く持った地方出身の人ほど語るべきものを多く持っているということだった。今後も土に触れ、人に会い、そして自分自身に厚みを加えて、個人の幸せを広げてゆく中で、世の中を今をきちんととらえ〝何か〟を成せる人に育っていってほしいと思う。彼らこそがまさに21世紀への主役となるヒトたちなのだから。

（'92初冬　NORI）

夜、トリ小屋に現れるタヌキ

思いは地球に、地域に根ざして活動を

（Think Globally, Act Locally）

年が明けて早くも二ヶ月が過ぎようとしている。今年も色々な行事が次々と湧いてきて、相変らず軽いノリで参加させてもらっている。1月30〜31日松山で開催されたユネスコ地域リーダー養成講座もその一つだ。現在『師匠』と仰ぐ双海町の若松進一氏の講演があるというのでどんな会かも知らずに参加したところ、他県の色々な人との出会いあり、宿泊所の松山ユースホステルでの超能力実践講座ありで面白い体験をさせてもらい、イベントのシュミレーションを作り上げる喜びを感じることができた。次の日の砥部動物園々長、山崎氏の命をかけて動物たちとつき合ってきた現場からのお話は、まさに『一期一会』を体現した力の入ったもので感動した。地域の人たちにも是非お話を聞いてもらいたい人の一人だ。

2月1日には、マレーシア、サラワク州の熱帯雨林の保護を訴えて日本各地を回っている。スウェーデン生まれ、オーストラリア育ちの25歳の女性、アンニャ・ライトさんが我が家で自作の歌や、スライドを交えて話をしてくれた。アメリカ人のメグさんが同行して通訳をしてくれて集まった。ＴＹＣの仲間たちや小学校の先生、友人たち20名近くと熱心に話し合った。彼女の主張は『私があなたたちにこうして下さいと言うことはできないが、私の話で熱帯雨林の大切さに気付いたら、次の行動はあなたたち自身が考えて下さい』ということだったと思う。その指標となる言葉が〝Think Globally, Act Locally〟だった。広い視野を持ちながら地域に根づいた活動をしよう、という意味であろう。この言葉を心に刻んで、40歳になる本年も活動してゆこうと思う。

（'93早春　ＮＯＲＩ）

アンニャ・ライト（右端）＆メーガン・シナーリ（左端・通訳）
マレーシア、サラワクの熱帯雨林保護を
訴えるパフォーマンスで来訪

ちろりん木造テント『第二縁開所《えんかいじょ》』落成！
〜よい歌、よい酒、よい出会い〜

見ず知らずの四国の片隅を一生の地と定めて16年、良き人たち良き仲間たちとめぐりあい、子供たちも含めて楽しい毎日を送らせてもらっている。おかげで、県外、海外から色々な人たちがそれぞれの人生のドラマを背負って訪ねてくれるようになり、時には、地域の人たちや子供たちとも、そうした出会いの体験を共有できるようになった。そこでもっと気軽に、もう少し長く、我が家の生活を自然をそして『農』を見つめてもらえるための場がほしいと思い、家のそばに小屋を建てることにした。現在師と仰ぐ双海町の若松進一氏宅の『煙会所《えんかいじょ》』に倣って『第二縁開所』と名付けた。

なにさま「清貧」を目指す生活ゆえ、木造テントの名が示す通り、雨露をしのぐ屋根と壁、暖を取るいろりがあるだけ水道なし電気なしのシンプルなつくりからのスタートになる。次の夢としては、リサイクルエネルギーの自給を体感できる風力発電や自給有機物で作るバイオガスなどを考えており、ここをそんな地球と地域にやさしい集いの場にしたいと思っている。そしていろいろな人生、いろいろな歌、いろいろな酒と出会って縁を開いていただきたいものと願っている。又、県内には、先に書いた双海町の『煙会所』中島の『ゆうきの里』広見町の『作夢村』明浜町の無茶々園などの出会いの場がある。これらの先達とネットワークを作り、更に交流を広げてゆきたいと夢みている。

さて、この次はT・Y・Cの塾長が15名以上宿泊可能なおやどを年内に建築の予定。只今ネーミングを募集中、すてきな名前をお寄せ下さい。(賞品付き!?)

('93春　NORI)

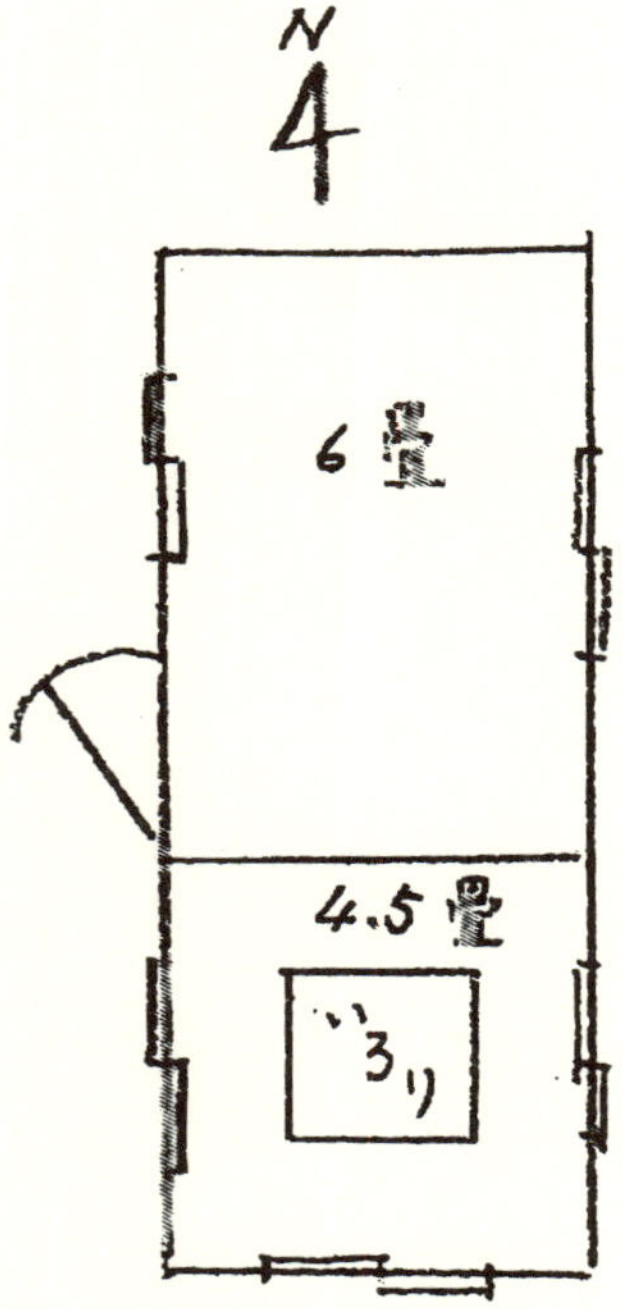

☆10人前後の会合と、4～6人の宿泊に利用、及び一週間程度の研修生の受入れ可能

第二縁開所は大盛況！

ふだんの心がけの悪さ（？）がたたってか、たてまえ予定日の5月2日は豪雨に見舞われ、一日延期せざるを得なかったが連休中だったのは幸いで、T・Cのメンバーやジョゼフをはじめ東予市からも知人たちが駆けつけてくれた。メインゲストである〝師匠〟若松進一氏も御夫妻で行事日程を変更してまで参加して下さり、更にいちょうの木を磨いて双海町の書家に頼んで書いてもらったという『第二縁開所』の看板を持参下さった。あまりの立派さに、参加メンバーの中から「まさに看板だおれの建物…」との声が上がったほどだ。

七年前に我が家を建てる時、棟梁をしてくれた大工さんの参加のおかげで、スレートの屋根までを終えることができ、横では子供たちやジョセフがもちつきを楽しむというよいたてまえが行なえた。手伝って下さった皆さんに心から感謝します。

その後、子供たちや妻と一緒にひまをみては周囲に板を打ちつけ、床をはって何とか完成させ、6月6日にこの新しい建物で初めての会合を持った。T・Y・Cの定例会である。以後、6月19日：松山の友人一家泊、6月29日：アジアフォーラムで来日した韓国の客人を迎え、7

板橋文夫＆ミックスダイナマイト　コンサート後の打ち上げ（第二縁開所にて）

月2日：友人と徹夜で語り合って久々に学生気分を味わい、7月3日：最近週二回ほど農作業を手伝ってくれている新居浜の塾教師、金井君が小さな息子と一泊して翌日は雨中スモモ収穫に協力してくれた。今後も東予ＪＣの会合、周桑デザイン会議、韓国の高麗大学の学生のホームステイ…と縁開所は大盛況、訪れる人たちの持ってくるドラマで、ちろりん農園はますます人儲け。そういえば〝儲ける〟という字は、人と人が言葉を間に介して交流するというふうに見える。

思いとドラマを持った人たちとの出逢いを願って、縁開所の御利用をお待ちしております。

（'93夏　ＮＯＲＩ）

JAZZ in 丹原　ミックスダイナマイト　コンサート

表題のようなインパクトの強いグループ名のジャズバンドのライブが我が町丹原で9月21日行なわれた。メンバーの四人はそれぞれジャズの世界では超一流の人たちである。リーダーでピアノの板橋氏は渡辺貞夫や日野皓正のメンバーとして活躍後、現在は独自の活動を行なっている。最近では、タイの有機農業視察ツアーに参加して、現地の農民と音楽交流を行ない、今年は彼にとって転機であったらしい。そのツアーのリーダーであり、「おもしろ農民への招待状」の著者でもある小松光一氏のなかだちで、今回の企画が決まったのである。ベースの井野氏は日本で三指に入るベーシスト、ドラムの小山氏は山下洋輔トリオのメンバーとして参加したヨーロッパツアーでのエピソードなどを第二縁開所で披露してくれた。テナーサックスの片山氏はドクトル梅津バンドの一方の雄として、又、RCサクセションのホーンセクションとして活躍中、最近、文庫版で出た忌野清志郎の本の中では、朝から朝まで酒を飲み、酔って電柱に登ってサックスを吹いたりするアブナイやつと紹介されていた。

こんな一流のつわものたちが、JAZZ IN 丹原'93で見事なプレイを披露、その前にも二回にわたって町内の小学校で演奏と子供たちとの共演というサービスを行なってくれた。板橋氏のプレイは先生から見ればピアノをこんなふうにひいてはいけませんという見本のようなものだったと思うが、あの音量と頭の血管がプッツンしそうな熱演は子供たちの心をとらえたようで、文化会館のライブを聞きに来た子が何人もいた。

さて本番のライブの夜は、フリーバーボン&いもたき付きという企画が当たって予想以上の大盛況だった。当日の天候不安のため野外ライブの予定を変更しての文化会館小ホール（定員200名）は超満員となった。我が家のトリさん10羽もいもたきの鍋の底で、ジャズを聞きながら成仏できたであろう。仲間の一人が軽く引受けたのが事の始まりで、その本人がヨーロッパへ農業視察に行っている間に、残った者たちが友の尻ぬぐいをした恰好であったが、聞き終って帰ってゆく人たちの満足そうな顔を見たら、彼の罪も徳に変じたようである。きっかけは何であれ、イベントに参加したあとの充実感は、準備中に抱く失敗の不安がスパイスとなってなかなかのものとなる。どうせやるなら踊らにゃソンソンである。

（'93秋　NORI）

風車をめぐって

昨年12月、西条でのＵＦＯ展で見た、人工衛星から写した夜側の地球の写真に少々ショックを受けた。大きな大きなアジア大陸は闇の中に沈んで形もないのに、日本列島はその姿をくっきりと浮かび上らせている。上海とシンガポールあたりに少々光の固まりが見られる他は、まさに日本の夜だけが煌々と輝いていた。

元旦の新聞に掲載された世界ＧＮＰ地図もまたショックだった。一位のアメリカに次ぐ大きさでいびつな日本地図が描かれていたからだ。

この二つの事は日本がいかに野放図にエネルギーを使い流しているかを示しているように思える。昨年ヨーロッパへ農業視察に行った友人は、先進国といわれる国々の首都でさえ夜は暗かったと言っていた。日本の都市の夜の明るさが特殊なのだと認識することが必要であろう。

我が家は昨年木造テント第二縁開所を建てた。夜はランプやローソク、いろりの火を主な光源とし、時には倉庫から引いた20Ｗ電球を灯して訪れた人たちと語り交し、飲み交した。そして、夢の一つだった電気の自給をまず第二縁開所でやってみることにした。それは風力発電である。

児島湾の干拓地で農薬を極力使わずにお米を作り消費者と提携している『百姓家・赤とんぼ』の大塚さんが、モンゴルから輸入した風車をしばらく貸して下さるというので、出かけて行き解体して軽四トラックに積んで（重量80kg）帰り、1月22日縁開所に自給電気の灯がともった。出力100ワット。これで二〜三ヶの電球とラジオが使用できる。

今の日本では風力発電と聞いて「オッ！」と身をのり出しても、100Wと聞くと「なァーんだ、お遊びか」という反応になることだろう。しかし、私達が何よりも訴えたいのは、この100W風車のキットが、モンゴルでは実用として10万基も普及しているということだ。電気（あかり）とラジオ（情報）をまかなえる100W分の電力で充分暮らしていけるシンプルな生活って何て素敵なんだろうという発想が生まれるように、その上で我が国の光の洪水という状況を今一度考えるきっかけとして縁開所の灯りを見つめてもらえたらと思っている。

（'94早春　NORI）

猛暑とコメ

夏の塊を一個二個と数えるならば、昨年はゼロ個、それを取り戻すかのように、今年は猛暑が延々と続いた。7月2日の早すぎる梅雨明けから7月末までで一個、8月のお盆までで一個、そして盆明けから9月上旬までで一個と合計三個分の夏があったような気分だ。おまけに終始一貫して殆ど雨が降らず松山市民の水がめ石手ダムは底水（デッドウォーター）までも使い尽くして、ついには高知の面河ダムの水を分けてもらうまでになっている。

昔から、日照りアズキに日照りゴマといわれているが、これら日照りに強い作物でさえ、あまりの乾きにギブアップの状態だ。

さて我が国の主食たるイネも、日照りに不作なしというほどの太陽大好き植物である。こちらはいわれ通り昨年の不作を補って余りあるほど、作況指数は各県軒並み100を越え、八年ぶりの豊作となるらしい。

今年の春以降、店頭からコメが姿を消し、国産米の急激な値上り、外国米の緊急輸入、ブレンド米の不評などは、平成の米騒動といわれたが、我が家ではコメを自給できない弱さを改めて思い知らされるとともに、タイ米、中国米、オーストラリア米などを食する機会にもなって、各国のコメ作りの人たちに思いを馳せたりもした。

さて農家にとっても消費者にとっても嬉しいはずの豊作だが、手放しで喜べないニュースもある。この間まであれほど国産米にこだわり、争って特別栽培米の予約をしたにもかかわらず、今年の状況を見て、その20〜30％の人たちからキャンセルが相ついでいるという。農産物を単なる商品としか見ておらず、人と人をつなぐ絆という認識をお互いが持っていないということのあらわれであろう。21世紀に生き残る農民は、農産物を食べものとして扱い、消費者をお客様としてではなく、家族の一員としてつながる方向にこそ喜びを見出せるのではないだろうか。

猛暑の中、ＮＯＲＩの夏は多くのイベントに参加、中でも塩ヶ森、東予の夕べと続いた二日間はプロの人たちのバンドのメンバーとして一緒に歌わせてもらい、心の中の夏がはじけたような楽しい経験ができた。

（'94秋　ＮＯＲＩ）

顔じゃないんだ、心だよ

農業雑誌への投稿がきっかけで、この愛媛の地に身を置くようになってもう18年が過ぎようとしている。当時は、有機農業も産直という言葉も市民権を得ておらず、この頃のようにスーパーの商品棚に有機・無農薬と銘打った野菜や果物がごくあたり前に並ぶようになるとは夢にも思わなかった。

そもそも小生らが、有機農業の意味やその技術を学び出したのは、自分の食べものはできるだけ自給したいという出発点からである。そして一般市場向けの野菜、果物が作られてゆく過程を身近で見るにつけ〝たべもの〟と〝商品〟との違いを感じ〝商品〟には安全性や栄養価などの命の視点が全く欠けていると思わざるを得なかった。そこで小生らは可能な限り〝たべもの〟としての農産物を育てて、直接消費者に届け、それを『顔の見える』と表現してきた。

時は流れ最近はスーパーや生協店舗の青果売り場に生産者の顔写真や育て方の説明付きで農産物が並ぶようになったし、新聞広告にも同じ生産者の立場から見ると、驚くべき高値の、名人〇〇さんの△△などというのが目に付く。△△は、キウイやりんごなどの果物や米、或いは梅干であったりするのだが、それらの消費者はその生産者と生産物にどの程度の信頼を置いているのだろうか。顔写真とご挨拶の文章を見せられるだけでは心もとなく思える。

小生の場合は『顔の見える』ということは、直接顔を合わせ、言葉を交わすことによって、自分達の考え方やライフスタイルを知ってもらい、『この人の作ったものを食べているんだな』というじかな感覚を持ってもらう、そしてこちらも食べて下さる方々の状況をある程度つかんでいる―そういったお互いのライフスタイルを見せ合うことのできるおつき合い即ち『心の見える関係』と考えている。

では、有機農法の無農薬野菜を作っている生産者に対して、消費者はそのライフスタイルにおいてどんなことを求めるだろうか。もし、小生が消費者なら、その生産者が生活全体の自給度を高めようとしているかとか、家では石けん洗剤を使っているかとか、自分達自身が添加物の少ない食べものを選んで食べているかなどということを知りたいと思うだろう。

けれども、もしそれらをクリアしていたとしても、その生産者が煙草プカプカで赤ら顔で太り過ぎてたりしたら…やっぱり信用しないだろうな、小生は。

（'94早春　ＮＯＲＩ）

新春耕想 ―ともやさん―

'94年は色々なジャンルの実にたくさんの音楽に、生で接する機会に恵まれた。時には聴き、時には歌い、或いは主催者側の一人として多くの出会いがあった。

6月の、バイクショップ『ウインズ』での〝沢田奈津美トリオ〟以降は毎月毎月チケットのことが頭を離れない主催者の側に回り、さすがのNORIも少々疲れた。たまにはただの『客』としてゆっくり音を楽しみたいとも思った。しかし、我が家や同じ主催者の友人宅に、出演メンバーが泊まり、ゆっくり語り合う機会を持つたびに「やっぱりやめれんな〜、これは」の思いを強くする。さっきまで主役としてステージで歌い、人生を語り、たくさんの聴衆を魅了したアーティストと酒をくみ交わし、膝をつき合わせ、時には肩をたたき合って語り合う…、講演会で一方的に話を聞くだけとちがって、本当に心の通い合う時間を共有できる…そんな時を何度も持てた'94年は何と恵まれた一年だったろう。

締めくくりは、'94年1月からずっとねばり強く交渉を重ねてきた仲間の一人の思いの実った、髙石ともやコンサート（11月27日）だった。小生としては彼の歌には特に強い印象はなく、昔流行った『受験生ブルース』を知っている程度だった。ただ、小生より10歳余り先を歩いている彼のここ何年かの生きざまには、小生の目標、もっと言えば『師』というようなものを感じていた。いつまでもひたむきに、きれいな足跡を残し続けている彼が、エイズを歌った『ネイムズ』は、'94年2月の全国ボランティア集会のテーマ曲になっていた。

丸いあたたかいオーラを発する彼と話を交わせた数時間は'94年の小生の宝のひとつであったろう。

他にも、6月と8月に、さかうえけんいちさんら『スケアクロウ』に教わったプロのうたづくり、8月の笠木透さんの大きなオーラ『たま』の知久さんとの会話などなど…、小生の'94年は心に浸みる出会いがてんこもりだった。'95年もまた〝いい酒、いい歌、いい出会い〟を合言葉に精進したい。

（'95新春　NORI）

命の綱 ―ライフライン―

1月17日早朝、一瞬にして多くの建物を崩壊させ、５０００人以上の人の命を奪った阪神大震災、その報道で何度も繰り返されたのは活断層、縦割り行政、そしてライフラインという三つのことばだった。中でもライフラインは生活に密着しているだけにいちばん切実な響きをともなっていたように思える。

今回の震災がかくも大きな被害をもたらしたのは直下型だったことと、震度の大きかった地域が１５０万都市神戸を筆頭として４０万人の西宮10万人の芦屋などだったことがあげられよう。何しろこの三つの市だけで愛媛県の総人口を上回っているのだから、どんなに人口が密集しているかがわかる。大都市に住む人たちにとって必要不可欠なものが水道・電気・ガスの三つでありこれらを総称してライフラインというそうである。アスファルトの下には水道管とガス管、空に張りめぐらされた電線、これらは快適な都会生活のためのまさに『命綱』だったのだから、地震でズタズタにされた後の不便さ、心細さは想像にかたくない。

ふり返って田舎暮らしの我が家では、ライフラインのすべてが切れてもそれほど深刻に困りはしないだろうなと思う。水は山から引いているし、ガスがなくても、まきで煮炊きができるし、電気もいざとなればなくても大丈夫。以前一緒にやっていた仲間も、北条市の奥へ移住してしばらくはランプ生活をしていた。

戦後50年、長い長い水道管・ガス管・電線が生活をしっかりととりまいて命の綱となってしまった。便利と快適をもたらした文明は、それなしには命を保てないほどにヒトを弱くしてしまったのだろうか。田舎暮らしと裸の土があることの強さを生かした地域づくりについて考えさせられた。

（'95春　NORI）

ヘンだぞ！「人道的な」おコメ

一昨年は冷夏長雨に続くコメ騒動だったかと思えば昨年は干ばつによる水不足ながらおコメは豊作、そして今年はまた北陸ではすでに二年前と同じ低温と日照不足が報告されている。かくのごとく天候がネコの目なら日本のおコメをめぐる政策もまたネコの目のようにクルクル変わる。どういうわけか、政府が正義や道徳をふりかざすとヘンなにおいがする。たとえば、最近話題になっている国交のない国、北朝鮮へのおコメの〝人道的〟援助、これってすっごくヘン！韓国と話し合いをしてもらってOKが出たところで援助するというまわりくどいやり方のうしろに、厄介者をなくすチャンスだという思いが見える。厄介者とは自給しようと思えば100％以上可能なのに、外圧で輸入せざるを得なくなったいわゆるミニマムアクセス分の数10万トンの外国産米のことである。

この輸入米は1トン当たり2万円だそうだ。この金額で買える国産米はせいぜい30～60kgで1kg当たり300～700円。輸入米は1kg当たり20円で、我が家で配合しているニワトリのエサよりまだ安い。一昨年食べた経験では、ほどほどにおいしいおコメだったたというのに。それに国内で余りそうな安いコメを援助という看板のもとに押し付けられた国の人たちは果たして日本という国を尊敬したり感謝したりするだろうか。

いつものこととはいえ、おかしな場当り的な政策を繰り返しながら、この国は自分の国の「食」を一体どこへ導こうとしているのだろうか。

そんな思いからおコメをテーマに『スケアクロウ（かかし）』というグループの〝やさしい酒〟という唄をキイワードにしたコンサートを企画してみた。名付けて「やさしい酒コンサート」。もし今作られている日本酒のすべてが、コメ１００％の純米酒なら、愛媛一県の全面積分のコメが余分に消費されることになるという。輸入トウモロコシやジャガイモからの蒸留酒入りの日本酒の現状を知り、日本の今後の田園風景に思いを馳せていただくために8月23日（水）是非丹原町文化会館へお運び下さい。

（'95夏　ＮＯＲＩ）

ベトナムの風、～文明か、文化か～

ベトナム戦争終結から20年、アメリカとの国交回復、ＡＳＥＡＮ加入、ドイモイ（市場経済の導入と対外開放）政策と、今注目度の高まっている国ベトナムから、日本でいえば農業改良普及員として農薬を使わない天敵利用の農法を指導しているアイさんと、ごく普通の農民であり草の根獣医として活躍しているニェムさん、そして通訳の稲見氏の3名を我が家に迎えた。昨年ラオスのカチャン氏を迎えた時と同じでＪＶＣ（日本国際ボランティアセンター）のお世話によるものである。

一日目の夜は地元の町づくりグループとの交流とおかげんの花火見物、翌日は長男の通う中学校で全校生徒を前にしての授業とアイさんの河の流れのような美声でベトナムの歌を披露してもらった。午後は、町内の農家、知人を訪ね、夜は町内の文化会館で偶然ウイーン管弦楽団によるコンサートが催されることになっていたので町からチケットをプレゼントしてもらい、公演後の交流会にも参加し、その足で東予港へ送るという慌しい日程となったが、喜んでもらえたようだ。

実質一日半程度の滞在であったが、考えさせられることが多かった。現在のベトナムの一人あたりのGNPは200ドル程度で年収にして2万円にも満たないが、一日の就労時間が四時間ほどであることや、日々の暮らしぶりを聞くにつけ、ゆとりという点では彼らのほうが日本人よりも上ではないかと思う。ニワトリの飼い方も、我が家のような300羽の平飼いなら、もはや大規模養鶏で、庭先で自由にエサを探すニワトリの姿がごく普通とのこと、そしてその卵2ケでお米1kgが手に入るという。日本のような何万羽、何十万羽という企業養鶏は今だ皆無という彼らの国も、今後は先進国並みを目ざして突き進んでゆくのだろう。よその国の森を喰いつぶし、世界中に汚染をまき散らしている我が日本としては、何を言う資格もないのであるが、これまでの人生で一番よかったことは？という質問に対して、お二人ともが『結婚』と答えたあの温かい家族愛がそこなわれない所でとどまれるようにと祈っている。

彼らの滞在中戸外の簡易かまどで枝豆をゆがくことを頼んだら、紙と少しの木片であっという間に火をおこしてしまった。通訳の稲見氏の話では普段は紙ともみがらで火を作り料理しているという。戦争中に米軍が撒いた枯葉剤の影響と、日本などによる森林の乱伐で木が不足しており、我が家で風呂用にもらってくるような木っ端でさえも高価でとても買えないなどと聞くと、日頃資源の有効利用を心がけているつもりの我が家でさえ、次々とたまってくる紙類や廃材で風呂をたいていること自体バチ当たりなほどに贅沢だと思う。

彼らのうちの純農民ニェムさんの所には二年前にやっと電気がついたそうだ。彼が日本で買い求めたおみやげの中には最新型の炊飯器があったけれど、この日本式の炊飯器では、一度ゆでこぼして米の粘りを取るというベトナムの伝統的な炊き方はできないだろう。それは文明の

JVC の仲立ちで来訪したベトナムのニェムさんとアイさん

利器の導入による文化の破壊にほかならない。生態系を守る農法を学びに来た彼らにとっても、文明の魅力には抗しがたいものがあったことだろう。すでにその恩恵に浸っている我々は、それに対して何も言うことはできないけれど、文明（civilization）は都市（city）に通じ、文化（culture）は農（agriculture）に通ずるということを心に留め、農村が文化の発信源であり続けることが、農そのものを守ることにつながると信じて今後とも活動を続けてゆきたい。

（'95秋　ＮＯＲＩ）

新春耕想

'95年の日本は震災で始まり、一連のオウム真理教事件そして年の瀬の〝もんじゅ〟ナトリウム漏れと、災いばかりが目立ち、明るい話題は野球のＮＯＭＯとイチローの大活躍くらいというのが印象的であった。

身近な重大ニュースは、地域づくりの仲間宅の火災と妻の交通事故・入院という災難であったが、どちらの家族も〝命〟の重さと、地域とのつながりの有難さを見つめ直す絶好の機会ともなったようだ。

40日余りの入院の間には、１００人を超える人たちが連日妻を見舞って下さり、この地に根を下ろした私たちというものを改めて認識させられた。幸い12月中旬にとりあえず退院し、子供たちや小生の身に少しずつ元の〝ゆとり〟が戻りつつあるところで、新しい年を迎えた。〝父子家族〟40日の間、普段より密着した父子関係の中で子供たちの成長を感じることができたのは何より得がたい収穫だったと思う。中学入学直前に「山の中で暮らして、サッカー選手になる」などと訳のわからない夢を語っていた長男は、野球と釣りに熱中しつつ、大学の農学部附属高校進学を決意して最終学年を迎えることになる。６年生の２学期を「じゃらじゃらしていた」と反省した次男も今春は中学生、家庭では家事や農作業の重要な戦力となっている。二人とも自分の発見、自分づくりへまた一歩踏み出す年になり、体力・知力ともに更に伸びてゆくことだろう。

さて、肉体的成長のもはや望めない私たち夫婦は、この一年を次第に近付きつつある子供たちの巣立ち後の生活をエンジョイするために、暮らしの土台や組み立てを見つめ直す時間としたい。それが、どんな形になってあらわれるかは『ちろりんだより』の読者だけのお楽しみ。今年の実現を予定していて、妻の入院で段取りの狂ったものも、もう一度ゆっくり形を作ってゆくつもりだ。勿論、地域の仲間たちとの楽しい企画も満載した一年にしたいとも思っている。本年もどうぞよろしく！

（'96新春　ＮＯＲＩ）

事故回想

11月5日午後4時過ぎ、中学校野球部の試合の帰途の国道で、白い乗用車がフッと対向車線を外れてこちらの車線へ入り直進してきた時、我が目が信じられず「うそ…」と呟いた。恐怖は全く感じなかった。というより、どうしたらいいか考えるのに忙しくおびえているヒマなどなかったのだ。左はガードレール、右は件の車の前も後ろも車が詰まっていて、どこにも逃げ道はなく、ぶつかるしかないと覚悟を決めて、ハンドルを握りしめ、足を踏んばった。相手は居眠りでアクセルがゆるんでおり、私はブレーキをかけていたとはいえ、胸を打たなかったのはシートベルトとこの踏んばりの賜物であったろう。尤も踏んばったままの左足が押しつぶされた車の前部にはさまれて骨折したのは是非もないことであった。衝突のショックの後、大きく深呼吸してみて自分の無事を確かめてから、後部座席に声をかけると、穂とその友だちから「大丈夫」という元気な返事があったのでホッとした。穂は箱バンの一番後ろにいたのだ。グシャグシャの助手席を見てもしここに居たらと思い幸運だったと感謝した。

人間というのはおかしなもので、あんな時でさえいつもと同じ行動をとるらしい。車が衝突して止まった直後に私がしたことはエンジンスイッチを切ったことと、シートベルトを外したことだったのだから。救急車はすぐに来たが左足が人の力ではははずせないことがわかると、レスキュー車が呼ばれた。レスキュー車が来て車のフロント部にロープをかけて引っ張り、やっと足が自由になるまでの15分か20分私は動けないままたくさんの人々の注目を浴びる居心地の悪さを感じ続けた。足の痛みよりもそちらのほうが苦痛だったくらいである。沿道に目をやると、ヤジ馬さんたちの中には一緒に試合に行っていた野球部員やその弟妹たちもいて嬉しそうに見物していた。ナマの事故なんてめったに見られるものじゃなし、おまけにレスキュー隊員が負傷者を助け出すところだって珍しいし、ま、正直でよろしい。不思議なことに血はただの一滴も出なかった。私の左足は外見はそのままで脛骨と腓骨が中でポッキリと折れていたのである。後で知ったことだが、足の骨というのは非常に丈夫で、二百数十キロの力にまで耐え得るのだそうだ。ということは衝突の瞬間それ以上の力がかかったということで、やっぱり交通事故の恐ろしさはハンパじゃないのである。さて生まれてはじめて救急車にそれも患者の立場で乗せられた私が運ばれた先は松山市内の県病院であった。これにも管轄があってどこでも近くの病院にかつぎ込むというわけにはいかないのである。道路は結構混んでいて時間がかかり、私は「瀕死のケガ人なら死ぬね、こりゃ」と思い、人間の運、不運とか寿命とか天の意志とかに思いを致したのであった。

運び込まれた県病院は休日の救急指定とあってごった返していた。お医者さんは私の足をチラッと見るなり「こりゃ見るからに折れとる」と言ったきりスタスタと行ってしまい、私は廊下の片隅に放ったらかし。しかし次々と運び込まれる酸素マスクを当てられた老人や、腕を折って泣きじゃくってる子供を見れば、たいした痛みもない私などほんの軽傷にすぎず、やっとレントゲンを撮ってもらったのは、30分以上もたってからだった。その結果、手術が必要全治三ヶ月と言い渡されたのだが、県病院では家から遠すぎて不便なので、翌日の転院を認めてもらった。

子供たちを送り出して、再入院した。事故から約八ヶ月、足に入れていたかねを取り出すためである。順調に回復できたのは本当に有難いことである。この事故にあったことで少しばかり人生観が変わったような気がする。ふだん何気なく生活している時も、私たちはきっと数えきれないほどの厄災や不幸の間をすり抜けるようにして暮らしているに違いない。無事に生きているということは、文字通り有り難いことなのだ。夫や子供たちが出かける時、私はできる限り玄関の外へ出て見送る。私の見送りに答えて元気に「行ってきます」と出て行った彼らが、同じように「ただいま」と元気な声とともに帰って来てくれるように…以前は何気なく口にしていて「行ってらっしゃい。気をつけてね」は、今やはっきりと祈りの言葉になっているのである。

（'96春〜盛夏　FUSAKO）

手を洗う子供たち

畑仕事をしながらラジオで教育相談などを聞いていると、執拗に手を洗うことを繰り返す子供の話が出てくることがある。何かから逃げようとする心が引き起こす行動のひとつの形態らしいが、心の弱った子供達にとっては、ばい菌と呼ばれる目に見えない微生物が恐怖の対象になるのである。

一人の人間の体内・表皮を合わせると2兆〜3兆という膨大な数の細菌が棲息するといわれている。腸内細菌のように有益なものもありある種のブドウ球菌のように傷口の化膿や、ニキビ・吹出ものの原因となるものもあるが、ほとんどが無害で平和的な存在であるのだから、全てひっくるめてのばい菌呼ばわりは微生物たちにとっていい迷惑であろう。

そのような〝手洗い少年・少女〟ほどではないにしろ、最近世の中は無菌・無臭が大はやりで、店には消臭、抗菌、殺菌、滅菌などの文字のついた商品がズラリを並ぶ。電車の吊り皮に触れない人が増えているとか、飲むと便の臭いがなくなる薬が宣伝されているのを聞くと、神経過敏の潔癖症としか思えない。なぜならば、考えてみてほしい。微生物の住めない世界というのは、動物としての人間も同様に生きてはゆけない世界なのである。たとえば微生物がいなければモノは腐らず、土に還ることもなく、地球上はたちまちゴミの山となるであろう。もし宇宙人が地球にやって来て地球の支配者と対話しようとするとしたら、彼らはその相手として、コウボ菌などの微生物を選ぶかもしれない。食物連鎖の頂点がヒトだというのなら、逆に最底辺の微生物は最も重要な土台なのである。

手を洗う子供たちには、こう言ってやりたい。「あんたら、ええかげんにしいや。あんたの口にも腸にも体中全部に3兆ものばい菌がついとんのや。手ェ洗ったくらいでどないなるちゅうねん。それより土のついた土のにおいのするほんまもんのたべもんを食べてみいな。おいしいでェ」と。そんな土のあたたかさ、土から生まれ、土にかえる、生命のありがたさを子供達に教えることができない親たちこそ、高校中退者年間12万人という病んだ現実に負うべき責任がある。

都市は病み、田舎もまた病み、それらの中で人が、子供達が病む。それをいやす21世紀へのキーワードは土とその中で多民族国家をなす微生物だと思う。

（'96春　NORI）

お酒とハーブと小生と

本年の新春号にちらっと書いた、ちろりん農園の今年の行方であるが、やっと少し形になってきたので発表することにしよう。今年のテーマはズバリ！『梅錦で遊ぶ』

〝梅錦〟は川之江市にある、県内最大の日本酒メーカーである。縁あって丹原町に地ビール製造施設とレストラン及び面積では日本一というハーブガーデンを開設することになったので、小生はそのハーブガーデンで、この4月から週二回ほど手伝わせていただいている。社長の山川浩一郎氏とはかなり以前からおつき合いがあった。'90年頃西条くらしの会で、ほんものの酒というテーマで講演した折おすすめできる酒として梅錦を挙げたことが会報にのり、それを見たと手紙を下さったのがきっかけで文通が始まったのである。

当時は品質内容と一致せず税金の差を表わすだけの、特級、一級、二級という等級が存在しており、〝華の時代〟といわれる現在の日本酒の状況から見ると隔世の感がある。その開花前の日本酒を華の時代へ向かわせた梅錦の〝文化に向けた目〟を評価しての推奨であった。戦中戦後の〝冬の時代〟にもなお良い酒をつくるという姿勢を崩さなかったということに対する評価で現在の『越の寒梅』があるように…。

ただ『梅錦』の普通酒の不味さと、いわゆる三増酒に対する批判を綴った小生の二通目の手紙が社長には強烈だったらしく、それは他の人に小生を紹介する時に「はじめて手紙で梅錦の悪口を言ってきた人」と常に言うらしいことからも明らかである。

さて『梅錦で遊ぶ』の意味するところについて述べてみよう。小生一人の力では、億単位の施設をつくって、２００種以上のハーブを植栽したり、農学上のコンパニオンプラント（共生）の実験など決してできはしない。それらをお手伝いの形でさせていただくこと、そして、この緑と小生の宝である〝ヒト〟のネットワークを文化というキーワードで結び付け、地域を活性化することができればお互いにマイナスのない良い関係を築くことができるだろう。『儲ける』という字は人と者との間に言葉がはさまっている。情報発信を間にして人と人とをつなぐため、この『梅錦で遊ぶ』をテーマに、自分に何ができるかを考えながら、土に触れる毎日である。

皆さんも6月5日のオープンをお楽しみに！

（'96初夏　ＮＯＲＩ）

子巣立ち日記 Special

7月28日、穂と潤はカナダへ旅立った。勿論二人にとって初の海外、飛行機に乗るのさえはじめてである。二週間西海岸のバンクーバーで別々に（二人とも一緒はイヤだと主張）ホームステイすることになっている。

きっかけは一昨年から昨年にかけてカナダの大学へ留学し、今は松山の予備校で英語教師をしているK氏からの情報によるもので、穂と潤以外の10名ほどの参加者は全員高校生である。この旅への参加を決めて以来、二人ともひたすら出発を楽しみにし、できるだけ夏の宿題を片付け、体調に注意してきた。普通なら少しは不安も抱きそうなものなのに、その影さえなく、しかも、ある程度単語を知っている穂はともかく、殆どしゃべれず単語も覚えていない潤に至っても「行ってしまえば何とかなるよ」とケロリンとして言う。神経が図太いのか、単に想像力が乏しいのか迷う両親なのだ。しかしチャンスをとらえてポンと翔ぶことのできる彼らに拍手を送ってやりたい。

さて、貧乏が売りもの（？）のちろりん農園のどこにそんなお金が？との疑念を抱く方が多いと思うので、タネ明かしをしておこう。スモモ園の一部が砂防ダムに伴う道路拡張にかかり、ちょうど二人を旅立たせることができるほどのお金が入ったので、子供たちの年令も考えて、ここぞ！と放出することにしたのである。ともあれ、二人とも充分楽しんで、無事に帰ってくるよう願っている。どんなトンチンカンなエピソードが次号にのるかお楽しみに。

（'96盛夏　ＮＯＲＩ）

おんまく花火

O-157に思う

春の号（No.79）のちろりんだよりでは『手を洗う子供たち』と題して自然から遠ざけられてしまった人間の心のゆがみについて書いてみたが、今回のO-157出現（といっても、もとからいたらしいが）で、日本国民全体が〝洗手必消〟〝洗手防衛〟なるあて字のキャッチコピーの如く、ただひたすら手を洗わされるハメになった。有効な治療法がまだ確立されていないので、とにかく予防…そしてその予防法として奨励されているのが昔ながらの、手洗いと食品の加熱。臓器移植だコンピューターだと医療技術がもはや神域を侵さんばかりの勢いで進んでゆく一方で、小さな細菌の反乱に振り回されている今回の騒動を見ていると、結局人間は弱いおろかな生き物にすぎないことを再確認せざるを得ない。そう、おのれの都合で自然を破壊し、万物の霊長として君臨しようとも自然の恵みである食べものを食らい、そして排泄物を出している限り、人間は自然のほんの一部にすぎないのだということを忘れてはならないのだ。ちなみに、保健所で検査してもらったら我が家の水（山の湧水を引いている）にも、何の種類かはわからないが大腸菌がいるそうだ。気を付けたことといえば、生水を飲まないことと、湯ざましで氷を作るようにしたこと。注意はするけれど、すでにO-157がどこにでも普通に存在する菌になっている以上、過度に神経を尖らせても仕方ないだろう。

この夏、殺菌・抗菌グッズで大もうけした会社もあったようだが、O-157そのものよりも、たとえば海やプールの塩素濃度を上げたことのほうが恐しい。多量の発ガン物質が自然界に放出されたことを、どうして、よかった、これで安心だなどと思えるだろうか。人間にとって都合の悪い何かを排除するために、長い目で見ればもっと危険なものを使う。文明はそれを繰返している。排除したと思ったものも何世代か後に異った性質を獲得し更に危険な何ものかに変じて復活してくるかもしれないのに。O-157もそういう大腸菌であるらしい。闘って排除するよりも穏やかに共存する方法を見つけるべきではないのだろうか。（'96初秋　NORI）

エドウィナのこと

オーストラリアのメルボルン出身で、清水市の私塾で二年近く英会話の講師をしているというエドウィナ・ブライトスキーが8月下旬の五日間我が家に滞在した。福岡正信氏の自然農法の哲学に共感し、いずれ自給自足の生活をしたいと希望している彼女は、英語版のガイドブック（いつ掲載をOKしたのか覚えていないが）を頼りに、我がちろりん農園の〝循環する小さな暮らし〟を見学に来たのである。

農作業をしながら、台所仕事の手伝いをしてもらいながら、私たちは、暮らしのあれこれから、環境のこと、教育のこと、そして幸せとは何かまで、日本語・英語をとり混ぜていろいろな話をした。幾度となく発せられる。彼女の素朴な「どうして…？」が、私の裡でコールドスリープ状態になっていた思考を解凍し、私は久しぶりに頭の中の虫干しをしたような気分になった。26歳の彼女はすでに20ヶ国以上の国を訪れたり旅したりしたことがあり、ここへ来るにも、清水から姫路まではヒッチハイクで来たという。ノースリーブのワンピースのまま農作業をして日に焼けることも、汚れることも気にしないワイルドな所もある一方で、自然に寄り添ってつつましく生きていこうとする姿勢が何気ない行動の端々にあらわれていて、時々日本人より日本人的な不思議な気がした。それでいて懐しいような感じも伴っていたのは、子供の頃にはあのような謙虚さに出会うことが今よりずっと多かったからだろうか。

先日届いたハガキによると、彼女は9月早々仕事を辞め、八十八ヶ所巡礼の旅に出たところである。全行程を六十日間の予定で歩いて回り10月中旬頃には松山を経て丹原へもやって来るということなので再会を楽しみにしている。

（'96初秋　FUSAKO）

お遍路の途中で立ち寄ったオーストラリア人のエドウィナ

全国自然養鶏会総会にて

平飼い養鶏のバイブル「自然卵養鶏法」の著者、中島正氏を顧問とあおぐ全国自然養鶏会（会員約４５０名）の総会が、お隣りの香川県仲南町の塩の森ロッジで開催された。地元でもあり、小生は知らないうちに四国支部の副支部長という肩書きが付いていたため、駅までの出迎えや会場の段取りに加わった。現在は５００人足らずの会だが、会員の出入りが結構激しいため、延べ人数は、その数倍になると思う。小生は36番というナンバーでかなり古くからの会員であり、この会の活動をずっと眺めてきたし、時には渦中にいたりもしてきた。特に四国支部は歴代の支部長がたとえば『現代農業』という月刊誌に問題のある文章をのせたり、四国支部がまるごと全国組織を脱会するなど、物議をかもし周囲に迷惑をふりまいてきた。

また、この養鶏会全体として最近では本部事務局に対する東北・九州各支部の大反発など、まるで政界さながらである。脱サラや新規参入など一匹狼風の個性派たちの〝鶏声〟という会誌を通しての論争は仲々面白い…などと言っているうちに、問題を山積みのまま四国支部長が全国の会長となってしまったため、繰り上がりで小生に四国支部長の役が回ってくるらしい。

『…長』という肩書きのないことが自慢だったのに。まあしかし、四国支部とはいっても会員は15名ほど、そのうち5～6名が動けるだけのものだから気楽にやらせてもらうか。何かまた問題が起きそうな気がしないでもないが…。

さて、その総会で神戸大学の保田教授による記念講演があり、現在のような豊かな飽食の状態が今後も続くには①人口が今以上にならず、②地球環境が今以上に悪化せず、③石油が現状くらい使えて、④農地面積と地力が維持され、かつ、⑤平和であるという五つの条件が満たされなければならないという話を聞いた。思わず「そんなん無理やぁ」と呟いてしまった。このの綱渡り的豊かさの先には一体どんな世界が待っているのだろうか。小さな暮らしとつつましさを、武器に、覚悟を決めて次の時代に対峙してゆくつもりだ。

（'97春　ＮＯＲＩ）

遺伝子組み換え作物を問う

世の中が、ハーブだお酒だとうかれている（小生のことである）間に、人間の主食たる穀物の世界にとんでもないことが起こっている。それは遺伝子の組み換えである。従来の交配技術とは全く異なる手法で、まさに神をも恐れぬ悪魔の技といっても過言ではあるまい。なぜなら、自然界ではあり得ないことを起こす、即ち、魚や動物昆虫などの遺伝子を持つ作物をつくり出す技術だからである。

現在アメリカで収穫されるダイズの２％がこの遺伝子組み換え作物であり、今後その割合は増加の一途を辿るであろう。このダイズはおそらくすでに日本のみそや豆腐にも使われていると思われる。というのは、昨年９月厚生省は、日本モンサントなど農薬メーカー三社より申請されていた遺伝子組み換え作物の輸入を認可しており、その内訳は除草剤耐性（特定の除草剤に強い）ダイズ・ナタネと殺虫性（虫を殺す成分を持つ）トウモロコシ・ジャガイモなのである。

除草剤耐性のほうは、全ての草を枯らすラウンドアップという除草剤にのみ耐性があるというもので、つまりは種子とラウンドアップを抱き合わせで売ろうという戦略である。もう一方の殺虫性の作物は、殺虫成分を持つ微生物の遺伝子を組み込んだもので、この作物のどの部分をかじっても虫が死ぬので殺虫剤が不要となり、無農薬栽培が可能とのうたい文句だ。これらの開発企業の究極の目的は、種子と農業技術による世界の食糧支配である。

これら遺伝子組み換え作物の問題点は何かというと、まず第一に食品としての安全性で、未知の毒性が生じたり抗生物質の効かない身体になる恐れもあるそうだ。第二は環境への影響で、これまで存在しなかった植物が雑草化し、交配により他の植物へもその遺伝子を移行させてゆくかもしれず、実際に除草剤の効かない雑草も出現しているということである。

1989年にアメリカで、遺伝子組み換えをした健康食品「トリプトファン」（製造者は新潟ミナマタ病で悪名高い昭和電工）により、死亡者37名を含む多数の被害者が出た事件も原因はトリプトファンそのものではなく、遺伝子組み換えの結果できた副生成物によるらしい。

こういった様々な事例を知るにつけても、遺伝子組み換え作物を拒否しなければとの思いは強くなる。そのためには消費者側からの意志表示が是非とも必要であるし、まずは食品に遺伝子組み換えの表示を求めることからはじめなければならない。『遺伝子汚染のリスクは原発よりも大きい』という、アメリカの遺伝子研究の第一人者フェイガン氏の言葉をかみしめて、今一度食べものに目を心を向けてもらいたい。

（'97初夏　ＮＯＲＩ）

〝土〟からの教育を！

神戸の殺人事件及び連続通り魔事件の容疑者として逮捕されたのが、中学3年の少年だったことでは、同じ年頃の二人の息子を持つ親として少なからぬ衝撃を受けた。

その後も、取り調べの状況や、少年の周辺についての取材そして〝フォーカス〟や〝週刊新潮〟での顔写真掲載の是非から現行の少年法の功罪までがかまびすしく報道・論議されている。容疑者の少年一人の例を敷衍して最近の子供たちを語ることは危険だと思うが、この事件以前から小生がよく感じるのは、一つの方向へ駆り立てる教育の中で居場所をなくしてゆく子供が増えているのではないかということである。縁あってこの地に根をおろして20年余になるが、ここ七〜八年の間に、ネットワーク式の進学塾が次々とでき、殆どの中学生があたりまえのように通っているし、毎週のように通信教育のダイレクトメールが届き、或いは「効率のよい勉強法を教えます」というお誘いの電話がかかる。確かにそれらによって子供たちの平均的な学力は底上げされているのかもしれないが、彼ら自身はそれで幸せになっているのだろうか。

この事件を契機に、文部省は〝命の教育〟などと、一見もっともらしく、実はよくわからないことを言い出した。小生は、毎日の農の暮らしの中で多くの命を奪っている。食べるためとはいえ鶏の命を奪うとき、野菜についた虫を潰すとき、そしてハサミやカマで野菜を収穫するとき……「これは地獄へ落ちても仕方ないな」と思う場面がたくさんある。それでも、命を食べなければ生きてゆけない人間の業を背負っているからには、奪った命を大切に感謝して食べるという一点で許しを求めるしかない。

主食たる米の一年間の生産量と同量の残飯を出す飽食のこの国で、そういう視点をどうやって教えようというのだろう。大量消費型社会の中で命とたべもののつながりは断ち切られて見えなくなっている。命を大切にいただくこと、モノを大切に使うこと、あたりまえのようなこれらのことを子供に（大人にもだが）体得させるのが難しいこの時代今求められているのは土に触れ、自然に近づく暮らしだと思う。そのためにも、一般の農家がゆったりとお米や麦をつくってゆけるような国であってほしいと願っている。

（'97夏　ＮＯＲＩ）

秋風の哲学、～ハリエオさんとの二十日間～

今年1月に神戸に本部を置き、人づくりという視点でアジアの国々を支援するＰＨＤ協会という団体が研修旅行の途中で丹原に立ち寄り、同行のインドネシア・タイ・ネパールからの研修生が、中学校や丹原国際交流協会など地元の人たちと交流した。その折、農業研修生を二～三週間受け入れてくれないかという打診があり、それが具体化して我が家にやって来たのが、パプアニューギニアのハリエオ・ゲオバさん（滞在中に39歳になった）である。この国のことをつけ焼刃で調べてみると、大きなニューギニア島の東半分（西半分はインドネシア領）とラバウル島その他の小さな島々で成り立っていて、総面積は日本より25％ほど広く、人口は４５０万人ということだ。

ハリエオさんは、比較的文明の届く『まち』から車で一時間ほど離れた人口３００人の村に住む農民だ。彼の村では、木を切って畑にするとその土地を所有できるが、数年使って地力低下がみられたらまた次の土地へ移るという。しかし、この方法を続けると21世紀には森や木がなくなってしまうことが懸念されており、ハリエオさんは定住型・循環型の農業を行っている先駆的な存在である。村には阪神大震災の時ライフラインといわれた電気・ガス・水道のいずれもなく、農具と呼ぶべきものはスコップと大きなナイフだけだそうだ。

彼は4月に来日し、六週間の日本語研修の後、兵庫県内の数軒の農家で実習を重ね、8月20日~9月8日までの二十日間を我が家で過ごした。年齢のせいもあるだろうが、深い落ち着きと一種のインテリジェンスを感じさせる人柄の彼と生活をともにし、錆びついた英語を日本語に混じえて語り合う中で、秋風の立ち始めるこの季節に珍しく深く考えさせられることの多かった小生である。

我が家で過ごした日々に、得るものはあっただろうか。そして彼が刺激を受け、興味を抱いた技術や考え方が、帰国後の彼の村で役に立つのだろうか。また、たとえ役に立ったとしても、十年・二十年という長期的視野で見た時に、村の人たちの幸せに本当に貢献できているだろうか。なぜなら、小生が最終目標にしている自然農法は、まさに、ハリエオさんのニューギニアでの日常の中にあると感じるからだ。便利さと快適さは時として人間の生命力を低下させ、モノの過剰は心の貧しさを生む。戦後の日本がそのような道を辿り続けて20世紀の終末を迎えようとしている現在、学ぶべきは我々のほうではないかという思いが、ハリエオさんが去った今も小生の心の中でめぐり回っている。

（'97秋　NORI）

新春耕想

'97年ほど、証券会社や銀行のトップの人達の謝罪する姿を、見せられた年はなかったのではないか。総会屋とのつき合いなどの不祥事に加えてバブルのつけが一気に噴出した形で、そのとどめが、四大証券会社の一角、山一の業務停止であり、あおりを食うのは社員とその家族だけでも約五万人にのぼるという。以前ならトカゲの尻尾切りのようなやり方でごまかしていたものが、ことごとくトップの首のすげかえにまで及んだことも特徴的であった。そのような地位を勝ち取るべくせっせと塾通いし勉学に励んでいる子供達の間でも心を病む子が増えていると聞く。また、これまでの常識では考えられないような犯罪を行なうほどに心の行方がわからなくなっている少年がいることを神戸の事件が教えてくれた。

こんな先の見えない時代を生きながら'98年を迎えようとしている我々の再生のキーワードはやはり〝土〟だと思う。身近な例で申し訳ないが、'97年9月にパプアニューギニアのハリエオさんが、三週間の研修を終えて去った後、我が家では週に一〜二回東予市の男性Kさんと、松山の看護婦Yさんを通いの実習生（?）として受け入れている。Kさんは病気療養から社会復帰への助走としてYさんは自立自給のための技術修得が目的である。二人とも実家が農家で、小生宅よりはるかに広く立派な畑や園地があるのに、わざわざ通ってくるのは不思議なことだが、我が家の野菜や野草も含めた土に一種の癒しを求めているように思えてならない。

未来が見えにくく、明るい夢を描くことが難しくなっている今の社会の中で子供も大人も知らず知らずのうちに疲れ切っているのだろう。最近ハーブによるアロマセラピーや動物によるアニマルセラピーなど、神経を休め不安や苦痛を緩和する方法をよく見聞きするようになったが、小生はそこに土によるソイルセラピーも加えたい。土に触れていると心地良いという経験は誰もが持っていると思う。生きている土は我々を拒絶しない。数えきれない生命の活動を包含しているゆえのその温もりは、触れさえすれば必ず伝わってくる。人は受け入れられていると感じることが必要なのだ。

このように、人を癒やしてくれる健康な土を守ること、それが21世紀へ向けての我々の使命の一つであろう。環境問題の根はすべて同じである。人間は守ることによって、守られることになる。それをひとつひとつ目に見える形で実行してゆかねばならない。（'98新春　ＮＯＲＩ）

国の広さ、心の寛さ

大学時代小生はオーストラリアのアデレードに住むマシューズ夫妻宅で半年間お世話になり、様々な農業体験をし、多くの人との出会いを楽しんだ。以来毎年クリスマスカードと家族の写真のやりとりを続けている。去年の春、そのご夫妻リックとメアリが日本旅行の途中松山に立寄ってくれて、20年ぶりの再会を果したのだが、その時の彼らの「私達にはたくさんの部屋と時間があるからいつでもいらっしゃい」という言葉に甘えて、中3の次男と海外初体験の妻がこの夏オーストラリアへ旅立った。妻は一週間、息子は三週間余りではあるが、小生の青春時代の思い出の地を今度は次世代が訪ね、新たな思い出を心に刻むと思うと感無量である。

それにしても、貧乏なちろりん農園のどこに、母子二人を一度に海外へやれるだけのお金が？と、多少なりとも我が家をご存じの人なら疑問に思うことだろう。飛行機代は格安チケットを利用して一人往復約12万円。潤は一昨年のカナダ以来また行きたいと貯めていたお金でこれを全額支払い、妻のほうは、ちょうど買い換えた箱バンが予定よりもかなり安かったのでその差額でＯＫだった。あとは交通費・保険・小遣いなどで各々数万円かかったが、滞在費は無料だった。本来ならば旅の安全や快適のために支払わなければならない費用に相当する全てのことをリックとメアリの寛い心が補ってくれたからである。

さて、小生の時は４００円以上したオーストラリアドルが、今回は約86円、経済面では強くなり、生活も豊かになった日本と言いたいところだが、そうなればなるほど時間と空間の貧しさを感じさせられる国なのはどうしてだろう。狭い所でいつも時間に追われて走っているような生活感覚が、カネやモノの豊かさとうらはらにゆとりのなさをきわだたせ、イライラを生む。20年前まだ赤ちゃんに近い三人の子供を含めた六人の子供たちの子育ての真最中に面識もない異国の学生の面倒を半年間もみてくれたリックとメアリが、時を隔てて再び次の世代までも受け入れる。特別な所の何もないごく普通の家庭がである。友人・知人から、ゆったりのんびりの暮らしと思われている我が家であるが、とてもそこまではできない。しかし、リックとメアリが我々にしてくれたことに少しでも応えるために、外国からの研修生を短期受け入れたり、彼らと地域の人々が触れ合える接点を作ったり、今後ともできるだけのことをして、心の容量を広げてゆきたいと思っている。

（'98初秋　ＮＯＲＩ）

もどる時代・つくる時代

もう六年も前になるが、〝Back To The '60〟というタイトルで、我々が棲むべき人間らしい時代とは日本では、１９６０年前後であるという要旨の文章をこのちろりんだよりに記したことがある。

昨年のパプアニューギニアのハリエオさんに続いて、今年はタイのプラチャク・ムァンチャンさん（22歳）が、ＰＨＤという神戸のＮＧＯ団体からの農業研修生として我が家に二週間余り滞在した。カレン族という少数民族であるプラチャクさんは、タイ北西部ミャンマーとの国境近くで、昭和30年代の日本を思わせる生活をしている。作っているのは一家族で年間1.5ｔも消費するという米と換金作物のニンニクとダイズ。電気は五～六年前についたという。公務員の初任給は2～3万円、食料品や日用品の価格も小生らが小学校低学年だったあの時代に似ている。

しかし、その時代、未来に光と輝きをもたらすものとして日本の農村が諸手をあげて受け入れた近代農業が、環境を破壊し健康を損なうものでもあったという認識が進んでいる今、同じ形の農業が急速にタイに流れ込んでいるという。いわゆる肩かけ散布器でマスクもなしに使用されているホリドール、BHC、DDT、グラモキソンなどの農薬は、先進国ではもう20年以上も前に使用が中止されたものばかりだ。それなのに、一体どこの誰がこれらの農薬を製造・販売しているのだろうか。もしそれが、すでに自国での使用を禁じられている先進国の会社であるとすれば、これはもう犯罪であろう。そして人間のおろかさ、浅薄さとしか言いようのないことには、ボーダーレスの食糧輸入によってこれらの農薬はいろいろな食品の中に潜んでブーメランのように戻ってくるのである。

このように、文明先進国のエゴにさらされているタイではあるが、プラチャクさんとの話（彼は六週間の集中研修とその後、数ヶ月のいろいろな家庭での農業研修で日常会話には困らないくらい日本語が話せる）から推測するに、まだまだワイルドで健康的である。ネズミ、ヘビ、トカゲ、セミ…動くもの全てが蛋白源、近くの店で売っている酒はムカデと薬草入りだという。砂糖を殆ど使わない食生活のおかげか、彼も彼の父親もムシ歯には縁がないそうだ。ホリドールのような強い農薬を使っていても、クリークには魚もホタルもたくさんいるらしい。ただ今のところは自然のふところが広く残っているのだろう。

どちらかといえば、伝統的な生活習慣の中で育ったらしいプラチャクさんと比べて、すでにＴＶゲームで遊んでいるという下の世代には文明の甘い罠がいろいろな方向から押し寄せてきている。これからのタイにはプラチャクさんの『ゆっくり、ゆっくり』という言葉が貴重になるだろう。

（'98秋　ＮＯＲＩ）

メダカもカエルもみなごめん

大阪の中心部まで電車で10分という街なかに育った小生だが、中学頃までは周囲に田んぼや小川があり、それらの身近な自然の中に棲む生きものたちとの触れ合いがたくさんあった。その中でも、ごくあたりまえにどこにでもいて子供たちの遊び相手の代表であったメダカが、最近絶滅危惧種に挙げられたという。かつて、あんなにたくさんいたトノサマガエルも、いつの間にか、この丹原の田園地帯でさえも見かけなくなっている。昔と同じように、川が流れ、水田が広がり、緑多い風景は変わっていないかの如くだが、実際には、道路は舗装され、水路はコンクリートで固められてしまっている。それによって1種の昆虫がほろべば、それにつながる数え切れないほど多くの生きものが影響を受けるのだ。

しかしながら種としてのヒト自体も危機的状況に陥っている。戦争や飢餓のまっただなかにいるユーゴスラビアやアフリカの人々にとっては、今現在が、世紀末予言そのものであろう。更に、精神の成熟を待たずに先走ってゆく科学技術…原子力、遺伝子組み換え、臓器移植など…走り続けるその向こうに何があるのか誰にも想像がつかない。

わずか30年ほど前までそこらじゅうにいた生きものたち…それが、何種類も消えつつあるという事実は、ある意味ではおかしな予言よりも恐しい。今、急激に減少している種を守り、再び身近な生きものとして定着させられるような環境づくり、暮らし方こそが、次の世代、次の世紀を確かなものにする架け橋ではないだろうか。そして今一度、ほろびしものたちに心からの謝罪を…、メダカもカエルもみなごめん…

（'99初夏　ＮＯＲＩ）

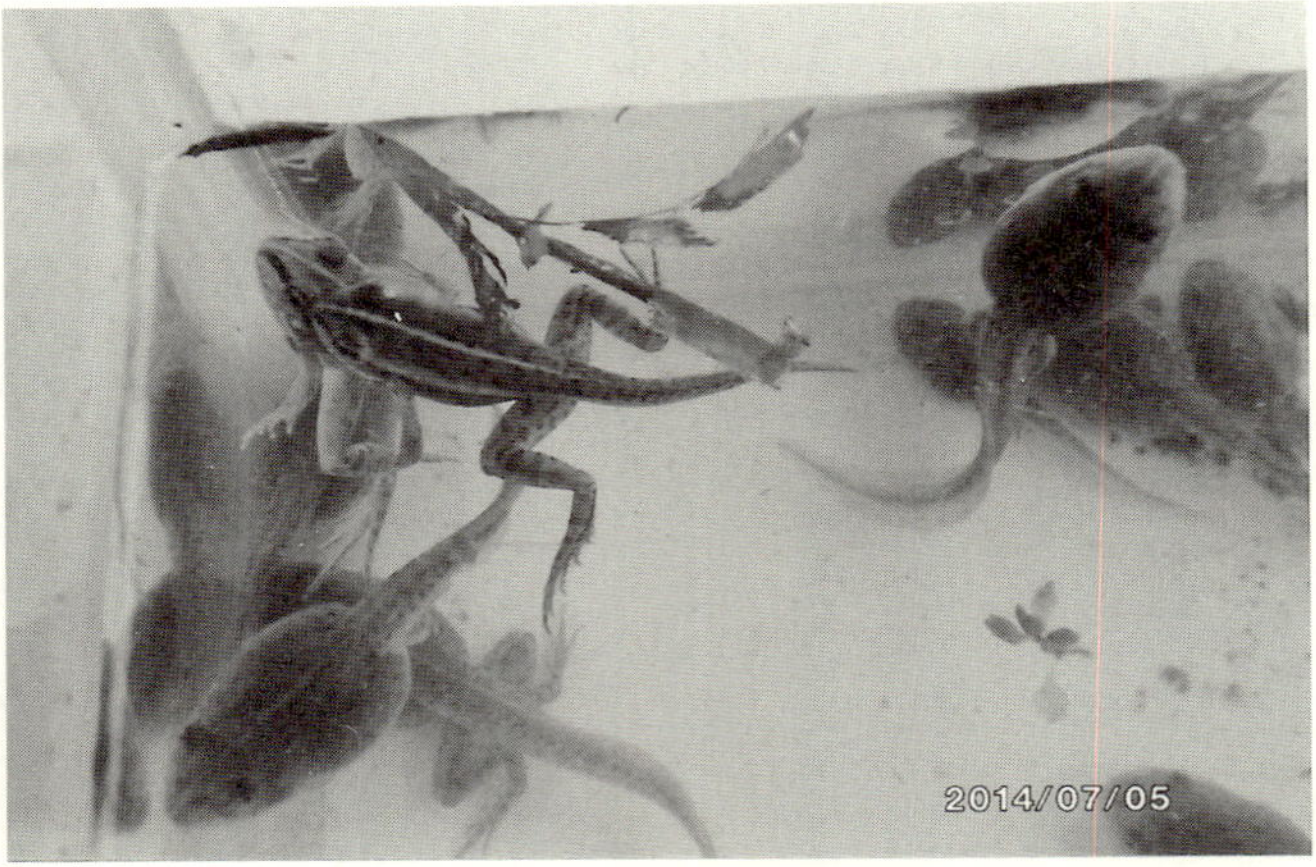

野菜の歴史と農業

地元の地ビール&レストランに併設されたハーブガーデンがオープンして三年を越えた。従って小生とハーブとの本格的なつき合いも四年目を迎えたことになるが、花や香りを楽しむ以外に野菜畑の中のコンパニオンプランツとしてもとても良いものだと感じている。また、ハーブのおかげで、植物としての野菜の生い立ちや歴史に思いを馳せるようにもなった。

古く万葉の時代には、現在では野草となっている、ノビル、アザミ、ギシギシ、スベリヒユなどが野菜として食卓に上った。カブ、ダイコン、キュウリなどはかなり古くからの野菜だが、キャベツやタマネギは明治になってからの登場である。そして意外にも、つい最近のブームと思われているハーブの殆どが明治18年（1885年）刊行の『舶来野菜要覧』に記載されていて和名もついている。さてここでクイズ。次の漢字の野菜は何でしょう?①石勺柏、②婆羅門参、③羅勒、④塘蒿（答は最後に）。

一度は輸入され栽培されたこともありながら、なぜこれらは定着しなかったのだろう?それには料理法と栽培法の二つの問題があると思う。西欧から入ってきたこれらの野菜は伝統的日本型食生活には合わなかったろうし、栽培するにも必ずしも日本の気候に適さなかったのだろう。時代を経てそれらが再登場し食卓にたどり着いた背景には、日本人がいろいろな国の料理になじみ食生活が変わったこと、そして農業技術の発達で、栽培環境を調節できるようになったことがある。特に、ハウス栽培は、気温、水、土質を自由にコントロールし、その作物の原産地の自然環境に限りなく近づけることを可能にした。それは旬をなくし周年の供給を可能にすることでもあった。しかし、人工的に作り出された狭い空間では病害虫が発生しやすく農薬の多用を余儀なくされた。いつでも何でも作れるかわりに食べものとしての安全性は犠牲にされてしまったことになる。

小生も長年野菜とつき合い、そしてハーブとつき合ってその栽培法を考える中で、やはりその植物本来の環境を知り、それにできるだけ近付けてやるのが一番正しい方法だと思うに至った。ただし、それは自然環境を人工的に作り出すことではない。土地のクセを知り、品種を選ぶことでできるだけ自然にその植物に合った環境を整えてやりたい。こんなことを考えていると、いつも野菜づくりと子育ては似ているなあと思う。たぶん人間という生き物自体にもあてはまることなのだろう。

（'99夏　NORI）

〈クイズの答〉①まつばうど（アスパラガス）、②むぎなでしこ（サルシファイ）、③めぼうき（バジル）④おらんだみつば（セルリー）

耕想　～笑って100号～

恐怖の大王が降ってくるという7の月が何事もなくかる～く過ぎてしまい、さあ、ちろりんだより100号記念号を出そうと思ったら、ノストラダムスの時代のグレゴリオ暦での7の月というのは現代での8月11日からの一ヶ月間だという説を知ったので、本当に笑えるのは101号になりそうである。しかし、笑うといえば前号で意気込んで予告したこの100号、実は104号か105号なのである。というのは、初期の頃の何号分かはガリ版刷りで、オリジナルが残っていないものがあるようなのだ。このガリ版、木枠にマジックで愛大執行部と書いてあり、かつて学生運動盛んなりし時代のビラ作りなどに大いに活躍したシロモノを、当時の闘士だった消費者の方が譲って下さったので、もう使わなくなった今も保存している。それ以外にも長男誕生（実に18年前）の折、妻が助産院にいる間に小生が独力で執筆し発行した幻のちろりんだよりがある。持っている人がいたら是非見せていただきたい。それから、これは編集長のミスで54号がダブっていたり…とまあ何やかやで、100号はとうに過ぎていたというおマヌケ話、ともに100号を祝って下さるつもりだった読者の方々ご免なさい。

話ははじめに戻るが、とりあえず7の月を脱したとしても今の世の中の状況が人類にとって充分危機的であることは何ら変わらない。オゾン層の破壊、森林の激減、海や大地の汚染、環境ホルモン、そしてなくならない戦争や飢餓…それらが複雑に絡み合って安全圏をどんどんせばめてきているのを知っていながら、ノーテンキに幸せを満喫している我々である。今、あたりまえのように手にしている便利と、快適を、あらゆる場面で少しずつ拒絶してゆくこと、少なくともそういう意識を持って日常生活を見直してゆくこと。次の世代のために今の我々ができることはそういう小さな積み重ねであろう。ともすれば易きに流れてしまいがちな毎日を自戒するためにも今後もちろりんだよりを書き続けてゆきたい。

（'99初秋　NORI）

21世紀を拓く家庭菜園型農業

4月から愛大農学部で、『農業政策と法律』という、小生には何とも似つかわしからぬ名称の授業を受けている。〝天皇を中心とする神の国〟の時代から戦後の『農業基本法』そして'99年に施行された『新農業基本法（食料・農業・農村基本法）』に至る流れを学ぶ中に、国が指向する農業者の姿が浮かび上がってくる。

戦後は農地解放による自作農の誕生・育成、更に高度経済成長に伴う規模拡大と企業化路線。やがて低成長時代に入っても外国からの輸入圧力が続き、農業の多様化という新しいコンセプトを入れながらも、やはり企業化・規模拡大化の方向を捨てきれずにいる苦悩が見てとれる。

そのような流れの中で生きてきた農家は、専業化＝進歩という認識の中で、目的を達成できぬまま、先祖から受け継いできた多くの技術（わざ）を捨ててきた。それがいわゆる専門バカをたくさん生む結果を招いたように思えてならない。

一方、18歳の鳥取大学入学当時はダイコンとジャガイモの草姿さえ判別できなかったほど、限りなくゼロに近い知識からの遅いスタートを切った小生は、自給を中心にすえて様々な技術を学んできた。拡大型家庭菜園として多種の野菜と果樹を作付ける中で、病虫害に対応するには、より自然に近い多様化こそがキーワードであると感じるこの頃である。自然界はもとより、社会も民族も食べものも、多様化が許されることこそが、健康な状態を保つために必要であろう。そして、どのような世界になろうとも、土があり、空気があり、水が得られる所であれば、生きる糧を手に入れることのできる技術を持っているという自信は心の安定を生むのである。

（'00夏　ＮＯＲＩ）

『晴れときどきちろりん』

やっとできました『晴れときどきちろりん』

―未来派百姓耕作雑記―

この本をつくるにあたって出版元、創風社出版の大早氏から「できてゆく過程も、できてからも、新しい世界を見ることができますから、楽しんで下さい」と言われた。リビングえひめ新聞に掲載されたエッセイを集め、写真を加えて製本するだけだから、遅くとも3月には出版できるだろうと、簡単に考えていたが、数字やことばの統一、文章の手直し、最新の情報の追加、解説文の依頼など、一冊の本をつくるというのはなかなか大変だった。タイトルは友人たちからも募集して結局締め切りまぎわに電話をくれた小笠原元氏のものに決定した。刊行に寄せて銘文を下さった若松進一氏にまず一番に謹呈したのが5月20日、双海町のフロンティア塾においてのことだった。小さな出版社からなので、手売りが基本、夫婦、息子たちで本のセールスマンと化している。一家に一冊、是非お買上げ下さい。

（ＮＯＲＩ）

六年半にわたって松山のリビングえひめ新聞に連載させていただいたちろりん日記が昨年5

元憂歌団の木村充揮さん　一冊目の『晴れときどきちろりん』の宣伝に一役かってもらいました。小生のラヂオ番組のオープニングにも彼の楽曲“オッチロリン”を使っています　『晴れときどきちろりん』創風社出版　￥1600+税

月に終了したので、本を作ってみようということになりました。一度全文を読み返し、ことばや文章を修正し、加筆したものをタイプアウトしてもらい読み合わせをし…と結構しんどい作業でした。やっとでき上った本は、ちろりんのうえんと書かれた我が家の郵便受けの写真と白地に赤い帯のシンプルで可愛い装禎。形に残るものができた喜びを味わいつつ、セールスに励んでいます。本屋さんでも注文できますが、ご連絡下さればお送りします。

（'00夏　FUSAKO）

スマトラからの研修生PARTⅡ

四年前から毎年、神戸のNGO団体PHD協会を通じて外国からの農業研修生を受け入れている。PHD協会は、愛媛県宇和島市生まれで鳥取大学医学部出身の岩村昇医師が、ネパールなどで医療活動をした後、草の根の交流と人材育成を提唱し、1981年に設立された。平和(Peace)健康(Health)人材開発(Human Development)の頭文字を名前にしている。今回9月27日から10月13日まで我が家に滞在したアフダールさんは18期生で、インドネシアからやって来た。今年は彼の他にタイから2名、パプアニューギニアから1名が、4月から主に兵庫県内各地で研修している。我が家では、これまでパプアニューギニア、タイ、インドネシアの研修生を毎年夏から秋にかけて二、三週間受け入れてきた。実はアフダールさんは、昨年の研修生ダスウィルさんと奥さんどうしが姉妹だという。ミナン族という彼の部族は母系家族で、結婚すると男性は妻の家に入る。アフダールさんもダスウィルさんも妻の親の家で一緒に暮らしているが、畑や経済は別々だそうだ。二年続けて同じ国の同じ村(しかも同じ家)からの研修生を受け入れたわけだが、二人からそれぞれに受けたインドネシアという国の印象はかなり異っていた。それは勿論二人の個性や人生観の差からくるものだ。インドネシアという国は200以上の部族から成り、2億人という人口を抱えている。地図をみても、アフダールさんの村のあるスマトラ島、首都ジャカルタのあるジャワ島、マレーシアやブルネイと分かち合っているボルネオ島、ニューギニア島の半分イリアンジャヤ他、実に1万7000もの島々がある。人口2500ほどの村から来た二人でさえこんなに違うのだから、インドネシアでは…と何でもひとくくりにできないことを心に留めておくべきであろう。距離が隔たれば隔たるほど個人としての私達は集落、市町村、果ては日本という国の代表者になったりする。同じバックグラウンドを持っていても、その個人の資質や性格によって多くのバリエーションが生まれるものだと実感した。

アフダールさんは、これまでの研修生の中で一番日本語が上手で、また話好きでもあったので、たくさんの会話の中から彼の思いや、周辺について、いろいろなことを知ることができた。今後も鹿児島のサトウキビ農家など研修を続ける予定。年が明けてから予定されている研修旅行で再び丹原へ来てくれるのを楽しみにしている。

（'00秋　ＮＯＲＩ）

噛みしめるありがたさを暮らしにも

日本人の顔が、近年急速に変わったように思える。どんな風にかというと、アゴが細く逆三角形のカマキリ型が増えてきた。そして最近では、お隣りの韓国でも、この傾向が強くなってきているようだ。サッカーの日韓戦を見て感じたことだが、両国とも25歳以下の若いメンバーに、ジャニーズの中に入っても違和感のないような近代的な美型が増えているのである。30歳の韓国人選手は身体も顔もがっちりと張っていて日本人選手と区別がつきやすいというのに。思うに、この数年で韓国も急激に変化しているのではないだろうか、特に『食』が…。

さて、こんなデータがある。弥生時代の人々は一回の食事に50分以上の時間をかけ、4000回噛んでいた。それが江戸時代には20分で1500回となり、現在は10分余で600回になってしまったという。時代とともに『食』というものが、いかにおろそかにされるようになったかがよくわかる。更に時代が進めば日本人の『食』は一億総栄養剤化又は点滴化に向かうのではないか。

噛むという行為の意味を考えてみよう。よく噛んで食べると抗菌性・免疫性のある唾液が分泌し食物と混ぜ合わされる。それによって消化酵素のアミラーゼが働き、発ガン物質が抑制される。更に、アゴを上下によく動かすことで血液の循環が活発になり、脳に十分な栄養と酸素が運ばれ、痴呆になりにくいともいわれている。また、少食で満足感が得られ、肥満や糖尿病を防ぐことにもなる。

本来、食べものをしっかり噛みしめることは、幸せを噛みしめることでもあったはずだ。それなのに、飽和と過多で示される文明の便利さ、快適さは、その両方からヒトを遠去からせてゆく。自分の幸せを噛みしめる喜びを、まず『食』の世界から取り戻してゆきたいと思う。

（'01初夏　ＮＯＲＩ）

別子山村ギターズミーティング2001

3月に川之江市の商工会議所主催の講演に講師として参加させていただいた時、聴衆の中にハーブ同好会の方がいて、その方があとでくれた情報の中に、別子山村でのコンテスト（自作の歌をギターで唄う）の案内があった。ゲストが『木村くん（元憂歌団）と有山くん（元サウストゥーサウス）』だったので、これは必聴と思ったついでにコンテストにも参加しようと軽い気持ちでテープを送って応募したところ、審査に合格したとの通知。まあ友人と二人でやれば何とかなるさと思っていたら当てにしていたA君は骨折で入院中。仕方なく一人ではるばる別子山村の『ゆらぎの森』へ。旧知の村長に挨拶し、バンドでコンテストに参加していた若草幼稚園の流水さんと旧交を温める。全20組（1組欠席）の参加者の中で、メインのライブをはさんで小生は前半の6番目だった。

この時点で出場メンバーの面がまえを見、ギター練習を聞いたとたんにこれは10年近く昔、マウンテンバイクのレース（ビギナークラス）に参加した時と同じ状況だと認識。つまりどなたでもどうぞという表看板の裏で実はその道のそれなりの人（定期的に練習しているとか、ライブハウスで歌っているセミプロのような人)のみが参加しているというパターンである。はっきり言って、ギターは小生が一番下手だった。でもPAが良くて、少し酔ってて気持ちよく歌えたので満足していたら、何と合格の6組の中に小生の名前が…!、初コンテストでの初入賞、調子に、乗ってまた色んな所で歌いそう。…というわけで、二次予選は7月6日新宮村で。久々に妻と出ようかな…。

(NORI)

＊　＊　＊

(附記)

一緒に出ようと誘われてその気になっていたのだが、都合で出られず、夫は結局一人さびしく二次予選に出場。テープ審査に通ったのはわかる…バックをパセリの栗林夫妻がやってくれたから。一次に通ったと聞いたときは正直言ってビックリ…夫のギターの腕前は妻が一番よく知ってるから。で、二次は当然落ちた。それでも一次も二次もとっても気持ち良く歌えたんだそうである。ちなみに、優勝して賞金5万円を手にしたのは高知大学の学生二人組だったたという。

('01夏　FUSAKO)

新春耕想 ～ヨーロッパに目を向けるとき～

昨年夏、長男は海外派遣農業研修の試験を受けてパスし、今年の3月から一年間ドイツへ行くことになった。10月には千葉で十七日間の研修を受け、2月には東京で最後の研修を受けて旅立つことになる。

さて小生は昨秋、えひめ地域政策研究センターのお誘いで、大分県安心院《あじむ》町と福岡県吉井町の視察研修に参加した。前者はグリーンツーリズムを核とする地域活性化を実現しつつある地域である。グリーンツーリズムとは、都市生活者が余暇を農村滞在目的の小旅行にあてることで、フランス・イギリス・ドイツなどヨーロッパの国々に端を発している。安心院町でも、ドイツの農村に研修に行き学習しているということで、一晩泊めてもらった農家の方々と一緒にドイツ語会話教室に参加させられるはめとなった。親子して同時期にドイツ語に関わるとは思ってもみなかった。

アメリカとヨーロッパは、欧米という言葉でしばしばひとくくりにされるが、農や環境についての考え方は大きく異っている。特に、ドイツは最近原子力発電の全廃を決め、ゴミや環境に対してとてもセンシティブであり、また有機農業もさかんだという。その実際を見て考えてそして伝えてほしいと思う。彼にとって、大きな節目の一年となることだろう。

次男はイタリア料理に興味があるようだし、小生はいずれスペインの農村へ出かけて、よき歌、よき人、よきワインをやりたいものだと夢見ている。心と体が同調してついてゆく熟年充実期もあと10年、次のステップへの足がかりとなる2002年にしたいと念じている。

（'02新春　NORI）

二度目のドイツに出発する穂　松山空港にて

狂牛病の教えるもの

アメリカのビル爆破テロと並んで、連日マスコミが取り上げたのが狂牛病問題である。変わっているのは、ウイルスや細菌が原因の伝染病とは違って、プリオンという変性タンパク質が作用して脳がスポンジ状になるというまだまだ謎の多い病気だということだ。しかし、ヨーロッパ、特にイギリスでは1980年にすでに大問題としてパニックが起きていた。例によってのんきな日本の官僚たちは、今回も次々と対応ミスを繰返し、やっと先日国内で3頭目の病牛が見つかったばかりであるというのに、まるで全国の多くの牛が病因を持っているかのような恐怖心を人々に抱かせてしまった。その結果、国民は牛肉離れをし、牛肉生産農家の損害は大きい。

我が家はといえば、もともと牛肉を食べる習慣がない上に、年齢とともにますます肉そのものに興味がなくなっている。更に、夫婦そろってすでに物忘れが激しく、万一羅病してもたぶん気付かないであろうというお笑いな脳の状態なのである。

冗談はさておき、日常で人間が人間を食べないのと同様に、草食動物に同類の肉を食べさせるということは、自然の掟に反する行為であり、狂牛病はそれに対する警告として、しっかり受けとめるべきであろう。
愛媛県内でも、狂牛病を疑われる牛の肉骨粉の焼却が始まった（新居浜市と野村町で）。英国から輸入した肉骨粉が原因で２００１年８月千葉で日本最初の病牛が発見され、焼却処分されたと発表されたのに、実はこの病牛が肉骨粉にされていて飼料として愛媛県に入ってきていたのだ。このようなルートを聞くにつけても、つくづく食に国境はないということを感じさせられる。今一度、自給や地産地消の意味を根本から問い直してみる必要があると思う。

（'02新春　ＮＯＲＩ）

2010 年　わが家の畑でワナにかかった子どもイノシシ

おいらが主（酒）役

ちろりん暦に記載の通り、２月15日～16日にかけて、地域づくり団体全国研修群馬大会に参加した。えひめ地域政策活性化センターからのお誘いである。栃木・群馬・茨城の北関東一帯は、実を言うとたぶん一生足を踏み入れることはないだろうと思っていたくらい小生にとっては日本で一番遠い地域であった。

早朝に、同行の小松町のI氏に拾ってもらい、松山↓東京をＡＮＡでひとっとび、モノレール、新幹線、各駅停車、タクシーと乗り継いで、会場の桐生市へは午後一時過ぎに到着。小生の参加した分科会は、〝あんたが主（酒）役〟。愛媛の内子座に匹敵する大間々町《おおままち》のながめ宴会場で、この町のボランティアスタッフである黒子の会の人達との交流のあと、町内に残る二つの酒蔵を見学、試飲、そして利き酒コンテスト。２月はそれまでに愛媛県内の梅錦・御代栄、今回の赤城山・福栄と四つの酒蔵を訪問したことになる。おかげで２月の日記の酒欄に記された銘柄はなんと60を越えた。まさに〝おいらが酒役〟である。

福栄で行なわれた利き酒コンテストも完答して、全国からの参加40名の中の２名のうちの一人となったが、思い返せばこの程度の三銘柄を当てるのに間違ったことは過去十数年では一度もない。もっと別の才能が欲しかったけど、舌の中から心を伸ばせば、酔ってない限りそのお酒の色と型を表わすことができる。

宿泊のきのこの森ホテルでも、露天風呂を楽しんだあと、金も持たずに日本酒バーにふらふらと入りこみ、代金は翌日、小生の本2冊で支払った。帰りはししょ〜、若松進一氏の『今やれる青春』出版記念パーティーで歌も披露。楽しみ方のとても上手な私というまわりの声…!!

（'02春　ＮＯＲＩ）

東広島市の酒まつりにて　「ミス SAKE」と

自立をめざす人たちのこと

今年1月に、広島県三原市で長年有機農業で頑張っている坂本さん宅にお邪魔した頃から、農的暮らしをめざす20代の人達が次々と我が家を訪れた。まず、国際協力の専門学校を出て、海外青年協力隊員としてフィジーで二年間過ごして帰国した長谷川ちよさん、WWOOF（ウーフ※）で世界を歩き、現在は東海大山形高校で英語講師をしながら、本国オーストラリアでの就農をめざすベン・ガーデナーさん、そして、仏教大学を出て、日本中を歩いている北原君である。また4月からほぼ一ヶ月、草野英雄君が、今治から通いで援農プラス研修に訪れた。彼との出会いは二年前のJVC（ジャパンボランティアセンター）とTYCの交流会にさかのぼる。パソコンでアクセスしての飛び入り参加で、小生たちの本『晴れときどきちろりん』を買ってくれた。そしてしばらくのブランクの後昨秋より週末に、時には彼女を伴って手伝いに来てくれるようになっていた。3月いっぱいで県内の某企業を辞め、郷里熊本で農的暮らしを行う予定で、連休明けに旅立った。ボランティアへの興味から農への転換が彼の心の中でどのように行われたかはさだかでないが、いかに生きるかをまじめに考える若者が、人の少ない地域の定住者となり、その地域を支える力となってくれればこれほど嬉しいことはない。農の経験の少なさに不安を感じている彼だったが、日々共に作業していて良いオーラをまとっているように思えた。経験の有無よりそちらのほうが大事だと思う。草野君と入れ替わるように、松山出身の本田君が我が家を訪れ、現在、内子に定住すべく奮闘中。こちらは結婚を間近に控え緊急を要する模様。彼ら皆の幸せをまた報告できる機会に恵まれることを願っている。

（'02初夏　ＮＯＲＩ）

※ＷＷＯＯＦ（ウーフ）…Willing Workers on Organic Farms の略
農業生活を体験したい人に、一人3～6時間登録農家で働く代わりに食費と滞在費を無料にするというシステム。オーストラリア、ニュージーランド、イギリス、カナダなどにある。

泉さんとスラチさん

泉精一さんは、瀬戸内海に浮かぶ中島で長年有機農業に取り組んでいる。先日もＮＨＫの『四国羅針盤』という番組で平飼い養鶏と、レモン栽培に携わる姿が放映された。農薬の多投入による柑橘栽培であらゆる病を経験し、また幼い娘さんを亡くすなどつらい思いを経て有機農業に転換し、愛媛県そして全国有機農業研究会の理事を務め、現在は韓国のチョー・ハンギョさんの自然農法の会の会長でもある筋金入りの農の人である。72歳という年令を感じさせない元気な方でお酒好き、６月の四国の農業者交流会や、12月の全国自然養鶏会四国ブロック忘年会で、そのパワーを遺憾なく発揮した。高知での忘年会では地元の農家の方と手を握り合って、同じ話を十回以上繰り返したところでお開き、同行のスラチさん笑って「あの二人元気な酔っぱらいネ」

タイの少数民族であるカレン族のスラチさんは、神戸のＰＨＤ協会からの研修生として12月10日から十日間小生宅へ滞在した。現在30歳で20歳の奥さんとの間に二人の娘がいる。４月に来日して日本語研修を受けた後、主に兵庫県内の有機農家を中心に研修、小生宅で11軒目である。彼はカレン語とタイ語を話せるので通信員として軍隊（なんとくじびきで兵役にあたったそうだ）での戦闘経験もあるとのことだが、マイペースで前向きである。動作はまるで太極拳のようにゆるやかだが、仕事はきれいできっちりしている。自宅に電気が来たのは15年前、人生の半分は戦前の日本の農村並みというところだろうか。

それぞれに激しい変化を経ながらも土の上に立つ暮らしを続けているこの二人は、現在の日本の不況や世の中のゆらぎは〝へ〟でもないとでも言いたげに、この不安な時代をさえ楽しんでいるようだ。土にはそれだけの力があるということらしい。小生もその土の仲間になれるよう努力してゆこうと思う。

（'03新春　ＮＯＲＩ）

四分の一世紀・二十五年ぶりの再会

小生は、20〜22歳の頃、鳥取大学農学部作物学研究室で、研究に没頭していた（大笑）。師事したのは栗原浩先生で、北海道大学卒業後京都大学で農学を学び、東北農事試験場長をつとめられた後、初めて大学教授として赴任したのが鳥取大学であった。頭の形が研究対象のジャガイモを連想させ、朴とつであたたかいお人柄の、いわゆる先生らしくない先生だった。小生の卒業後は京都大学の教授となり、定年後は九州東海大学の農学部長になられたが、現在は引退されて茨城に在住とのこと。…という話をして下さったのが、今回二十五年ぶりに再会した津野幸人先生で、栗原先生の後任として作物学研究室の教授となり、定年まで在職された。奇しくもご出身が松山市、二十五年前愛媛大学の特別講義で来松され、男四人の元祖ちろりんメンバーとともに松山の街を飲み歩いて以来の再会である。小生の師匠、若松進一氏を通じて、帰郷されていることを知り、お訪ねした次第だ。今は亡き小生の父と同じ生年であるが、著書『農学の思想』や、今回頂いた『小農本論』の中での舌鋒の鋭さそのままにお元気だ。

その『小農本論』の中でのエピソード、太平洋戦争時、軍国青年だった津野先生に、おじいさんが「指を切ってでも戦争に行くな、絶対アメリカには勝てんから」と言ったそうだ。当時、みかん栽培に使っていたアメリカ製の剪定バサミがすぐれているからというのがその根拠だったという。地に足をつけている農の人だからこそ正しく判断できることがあるという一例であろう。

さて、揺れ動いている昨今、アメリカの人達、イラクの人達、北朝鮮の人達にとっての報道の真実は、私達日本人と変わらないものであろうか?或いはまた、私達の受け取っている情報は世界的に見てフラットなものなのだろうか?、今一度、偏りに思いを馳せてみよう。

津野先生をお訪ねした日、自然農の畑を見せて頂いた。半農半筆の生活だそうである。、先生とのおつき合いはまだ続きそうだ。

（'03早春　ＮＯＲＩ）

玄米菜食とイルカさん

1月13日、丹原町文化会館で、イルカのコンサートがあった。事前に二十五年来の玄米菜食つまり肉・魚・卵・乳製品すべてを食べない食事を実践していて、コンサート後の夜食を考慮してほしいとの要望があったので、ちろりん農園がお弁当を担当することになった。

小生ら夫婦も新婚当時は玄米食で体調も絶好調だったものだが、子供たちが生まれ、その成長とともに生活のリズムが変わり、続けることが難しくなったので、現在は麦とその他いろいろな雑穀を混ぜた5分づき米に落ち着いている。玄米は腹もちがよく味があり、よく噛まねばならない分食べる量が3割くらい減り、肉や魚も食べなくなるため食費がぐっと落とせるという経済的利点（健康上の利点は勿論）もあるのだが、食事の時間を充分にとれるゆったりした生活を逆に要求されたり、外食ができないという不便なところもあって続けて実行するのはなかなか難しい。特に、たまにはワインによく合うカラフルな洋食も楽しみたいなどという、よこしまな欲求を持つ小生たちにとっては…。

さて、スタッフ会の一員でもある小生は朝から桟材の搬入、チケットのもぎり、コンサートの後片付けなどの合間に妻が久しぶりに圧力鍋で炊いた玄米のおにぎりと野菜のおかずの弁当を届けたところ、楽屋にお呼びがかかり、感激したとのことで、サインと絵ハガキにメッセージを頂いた。すぐには食べられないのでホテルに持って帰りたいということだったので、弁当箱・おはしもセットにしてさし上げた。またどこかで使い続けてくれれば嬉しいと思う。リハーサル、スタッフとの写真撮影、サインの時の態度もすべて歌のまんまの温かいイルカさんだった。

ちょうど同じ頃、NHKテレビ番組『ためしてガッテン』で玄米を取り上げていたのを見たことも重なって、我が家でも再び、もう少し玄米食を取り入れ、合わせて食生活全体を見直してみようと思うきっかけを頂いたコンサートだった。

（'03早春　NORI）

ぽれぽれちろりんごおるど

昨年9月より、FMラヂオバリバリという今治のラジオ局で、『ポレポレちろりん』という番組のパーソナリティを続けている。FMラヂオバリバリは、昨年2月に開局したばかりのコミュニティFMといわれるローカル放送局で、社長以下数人の専従者と、70名余のボランティアで成り立っている。小生ら夫婦のエッセイ集『晴れときどきちろりん』の出版をすすめてくれた菊池修氏の「酔っぱらうまで」という深夜放送にゲスト出演したことがきっかけで番組を持つことになり、9〜11月はPM3時〜4時、12〜2月はワインや酒をお供にミッドナイトで延々と、毎回スタジオに泊まっての放送だったが、夕方に家を出て、野菜や卵を配ってから待ち時間が五〜六時間もあり、番組開始までに燃え尽き状態になることが多かった。で、3月からはPM8時〜10時という文字通りのゴールデンタイムに表記タイトルで番組を続けている。

毎回〝いい酒、いい歌、いい出会い〟をテーマに、小生の農や食に対する思いと近況を中心に、お気に入りのCDをかけながらメールのやりとりを楽しめるハートフルな番組づくりをめざして、毎回違ったゲストを招いている。リスナーとメールによる交流やスタジオを訪れる人

１月スタジオの様子　ゲストのさっちゃんは屋久島の自然ガイドに

達との交流、そしてゲストとのトークによる交流、更にそういった人達とのちろりん農園の野菜や卵を通じての交流も少しずつ増えてきた。

4月13日（日）にはぎりぎりで咲き残った今治城の桜の下バリバリのお花見が催され、たくさんの人が集まった。それぞれがパーソナリティであると同時にリスナーであったり、お互いメールやＦＡＸのやりとりはしていても顔を合わせるのは初めてとか、「あっその声はもしかして…さん？」などの楽しい出会いがあちこちで。まさに地元のＦＭ局ならではの心温まる光景だった。毎週木曜日が来るのが楽しみなこの頃である。

（'03春　ＮＯＲＩ）

美味過剰への警告

イラク戦争もSARSも形だけは大急ぎで収束するなかで、北朝鮮の不気味な沈黙が続いている。そうした外憂に対してあまり平穏な我が家の今季の動きを見ていると不思議な感じがする。ただ、SARS騒動のおかげで、今夏楽しみにしていた馬頭琴奏者、李波《リポー》さんとの内モンゴル里帰りツアーが中心になってしまったのは残念だ。

さて、国民一人あたりから500万円以上もの借金をしている（いつも言うことだが、貸した覚えはない）この国が、成年男子の三人に一人が体重100kgを超えているという歪んだ食生活をしているアメリカの尻尾にひっついている今の状況を見るにつけても歯止めの必要性をつくづく感じる。古くはインカマヤにおいて計算能力、天文学の分野では現代の水準をはるかに越えていたのに、武器のもととなる鉄文明は存在しなかったという。彼らは人間が幸せであるために封印しておかねばならないものがあるということを認識していたのだろうか。

幸せは少し足りない状態の中に存在するのかもしれない。それが可能だからといって、どこまでも追求し続けることは更なる渇望を生むだけである。それは「食」についても同じではないだろうか。種々の紀行文、旅行記、そして海外をめぐり歩いて我が家を訪れる人たちの話を総合すると、ガーデニングや酒づくりでは世界に冠たるイギリスと、種々の技術や建築ではトップレベルにあるドイツが、食生活については殆ど良い話がない。かの国には食文化はない（酒文化はおおいにあるようだが）と言いきる人までいるほどだ。しかしこれも一種の歯止めなのかもしれない。日本では、最近、米が美味になっている。美味い米追求の結果、農家にとっては作りにくいコシヒカリが作付品種のトップになっている。まだいけるけどこの辺で…という歯止めの気持ちを食生活において持ってみてはどうだろうか。

勿論、人類や他の生物の存続のために何よりも必要なのは「核」の歯止めであることは言うまでもない。

（'03夏　ＮＯＲＩ）

新春耕想 〜自然と農、そして自然農〜

『農業』というと、『自然』と結び付けて考えられることが多い。緑、きれいな空気や水、土のぬくもりetc.…のイメージが浮かぶのだろう。しかし現実の農業の現場で『自然』の中味を吟味してみると、そのような牧歌的なものとは限らないことが明らかになる。

畑や果樹園の周囲はコンクリートで固められ、道路は舗装されて土は見えず、山は殆どが植林の後に放置されたスギやヒノキである。作物を作る上でも、大規模化、効率化のための機械や施設、化学製品・薬品の使用、はたまた育種上の遺伝子工学など様々な工業的なものが導入され、自然から遠去かっている。

しかし『農』を業《なりわい》としてとらえる以上、それらの流れから全く離れて暮らしを営むことは、今の日本においては難しい。有機農法は、そうした流れにただ流されるのではなく、自然の側に踏みとどまり、植物固有の生理を各々見極めながらつき合ってうくというやり方であろう。そしてこれを突きつめた一つの極みが自然農であると思う。耕さす肥料も施さず、自然に任せ、それに手を貸す…。こうすると確かに土が豊かになることを実感できる。一部試してみた時の土の豊かさとぬくもりは忘れられない。しかしながら一見何もしないかに思えるこの農法が、実は恐しく手間と時間のかかるものなのである。だから、もう少し先に自分の暮らしを自給のラインにまでまとめられたら、再び挑戦してみたい。それでやってゆける技術と哲学的なものを含めた自信を、この二十七年間で培っているともいえる。

これまでに何人か受け入れたPHDの研修生（タイ、インドネシア、パプアニューギニア）を見ていて思ったのは、自然農（に近いものだと思う）を日常的に行なっている彼らのほうが、身に添った幸せというものを知っているのではないかということだ。そういう意味においては、彼らから教わったことばかりである。

ともあれ、国外に派兵することによって、戦争の手助けをし始めたこの国のゆく先を『農』の世界から見つめる一年になるだろう。

（'04新春　NORI）

WWOOFER《ウーファー》第一号・あやちゃん

'03年9月よりWWOOF Japanに登録している。WWOOFとは、Willing Workers on Organic Farmの略で、『有機農場で働きたい人』を意味し、お金のやり取りなしに、労働力と食事＋宿泊場所を交換するための制度である。毎年研修生を送ってくれる神戸のPHD協会からは要請がなく、キウイの収穫を誰か手伝ってくれないかなあという時に、手紙が舞い込んで、それが我が家のウーファー第一号となった。大阪在住の今福絢さん（24歳）は11月5日〜12日の間滞在して、キウイの収穫はもとより、ハウスのハーブ苗の仕事（この期間、雨が多かったので）ラジオのゲスト、今治夢学校の手伝いなど多方面で活躍してくれた。息子ばかりの我が家に10日余りではあるが神様から娘をプレゼントされたようで、毎晩楽しくお酒の相手もして頂いた（ただし、お酒の強さでは小生の完敗）。これまでに我が家を訪れた何人かの青年達のように、いわゆる農の暮らしを目ざす人ではないけれど、自然に近い所で暮らす楽しさが伝わればと思った。その後も何人かからオファーがあったが、寒期・閑期なので一応春先まではお断りしている。ウーフは、オーストラリア・ニュージーランドで発生し、ヨーロッパから世界に広がっている組織なので、いずれまた海外の人が滞在することもあるだろう。

（'04新春　NORI）

〝食〟を考える九州ツアー

有機農研全国大会を終え、一日おいてすぐ、料理人の次男潤と二人で九州へ。本当は、他の料理人2名と総勢4名で、沖縄〝食〟のツアーを計画していたのだが、帰りの飛行機が取れず、親子二人旅に変更。潤のワゴンRで八幡浜から別府へフェリーで渡り、まずはイオウたっぷりの明礬温泉露天風呂にゆっくりつかった後、グリーンツーリズムで有名な安心院《あじむ》町へ。宿泊先は『星降る高台の家』というロマンティックな名前の田口さん宅。夕食は二時間かけて野菜たっぷりのスローフード。

近所でブドウ農家をしている耕智浩さんに会うのもこの旅の目的の一つであった。耕智さんは十年ほど前、西条市の明屋書店の店長時代に何度か小生宅に研修に来てくれ、その後農の生活を求めて安心院町に移住した。そのいきさつなどをたまたま『脱サラ帰農者たち』(文春文庫)で読んだことで今回の再会となった。1月のウッドワーカーライブで、高知県の三浦君と偶然十四年ぶりに再会したこともあり、小生のささやかな役割りのようなものを感じた。

この日、2月17日夕食の最中に近くの大分県九重町でトリインフルエンザ発生の報を聞く。

翌日は同町内に新しくできた『ファインフーズ』のハーブ加工場を見学。ここは潤の勤めるレストランともつながりがある。福岡県岡垣町の農家レストラン『ぶどうの樹』で昼食後、高速で大三島町まで走って民泊で素泊り、サッカーW杯予選の勝利に酔いしれた。三日目、有機農研大会で会った越智氏の畑を訪ねて帰宅。

高速代の高さに泣いた二人で6万円の貧乏旅行だったが、20歳の息子との二人旅は楽しかった。9月には当初のメンバー四人での沖縄旅行に再挑戦の予定。

（'04早春　NORI）

九州グリーンツーリズム＆農家レストランツアー
次男潤とともに
（大分県安心院町の民宿「星降る高台の家」にて）

有機JASに思うこと

有機JASのマークをご存じだろうか？近くのコンビニをのぞいてみると、ピーナッツの袋の表に有機JASマーク、裏に中国産の表示があった。スーパーでは一部の豆腐やお茶に国内産及び有機JASの表示が見られた。購入する側の消費者はこのマークをどの程度認識し評価しているのだろうか。

根拠の曖昧な「無農薬」や「有機」の表示をした食品があふれる中で、一定の基準を満たした食品でないとそういう表現はできないようにと、農水省が平成12年4月から施行したのがこの有機JAS制度である。しかし、日本有機農業研究会内部では、この制度に対する姿勢や方向付けについては、意見が分かれたままである。たとえば、熊本、兵庫、鹿児島などの有機農研は、これを評価し積極的に推進している。わが愛媛も、そちら側寄りで、NPO法人をたちあげた他県の民間で行なわれる認定のための費用を比較的安くできるようになっている。

小生もその生産行程管理者の研修を受け、修了証を得たが、ヨーロッパで行なわれている制度をひな型にして霞ヶ関ビルの中で作られた制度には陳腐な部分が多く、小規模多品目の有機農業者には向かないと思い脱会した。

実際、外国産（主として中国）のものが、有機ＪＡＳ認定の半分以上を占め、国内では加工食品会社や大規模農家が申請して認可を受けており、日本農業を守ったり、有機農業を促進する力にはなり得ていないのが現状である。また、ＢＳＥやトリインフルエンザ対策など事あるごとに明らかになる、この国の食品行政への信頼度の低さも問題であろう。

しかしながら、近くの日曜市や直売所で、手書きの「無農薬」（時に無濃薬、無膿薬などの誤記あり）、「消毒していません」（除草剤は農薬と思っていない）などの表記を見るにつけ、作る側の学習と教育の必要性を感じるこの頃である。


（'04初夏　ＮＯＲＩ）

おんまく花火

農の現場と現状

昨年10月の中越地震と12月のインド洋大津波のインパクトが強すぎて影が薄くなっているが、四国には六つも台風が上陸し（全国的には10個）農作物に大打撃を与えた。年末近くまで、ハクサイ、キャベツ、レタスなどに1ケ1000円を越える価格がついたのである。

小生の周囲でも、川沿いの田が護岸ごとえぐり取られたり、キウイの棚が落ちたり、ハウスが壊れたりいろいろな被害があった。小生の畑も何度も水没し、その度ごとに作物が全滅しやり直しを余儀なくされた。隣の畑も同様である。しかし、同じスタートラインに立った小生の畑と隣の畑に何が起こったか。結論を言えば、化学肥料ってすごい！　小生が同じ又は先に種をまいた大根や人参の間引きをしている時に、隣りは完成品の大根や人参を出荷しているのだから！　こっちがやっとそこそこに育った野菜を出そうという頃にはもう3ラウンド目くらいまで行ってる。タイやミャンマーからの研修生がこの現実を見たら、化学肥料や有機物多投や農薬の使用による生産の効率化の誘惑には抗しがたいのではないかというのが実感だ。

さて、先日地元の文化会館の駐車場で、大手農機具メーカーの春の展示発表会が行なわれているところへ行き合わせた。県内各地から何台も大型バスが着いて次々と人が降りてきた。80％以上が推定60歳以上の男性で、現在日本の食を支えているこの人たちが効率化のためのトラクターやラジコン式農薬散布機を買いに来ていると思うと背筋がうすら寒くなった。その後、ファーマーズマーケット（日曜市）に寄ってみると、家庭菜園レベルの安全そうな野菜が安値合戦をしている。年金もらっているバアちゃん達だけが可能な価格設定である。

農業収入の何倍、時には何十倍もする農機具に、農を志す若い人達の生活を成り立たせることのできない安価な野菜、この二つのものが同居する、それこそが今の日本農業の姿であろう。生きるための基本である食を、どっしりとした頼もしいものにすることを、もっと考えてゆきたいと思うこの頃である。

（附）今年はブロッコリ、ハクサイ、キャベツ、ホーレンソーなどが、ツグミの群れに次々荒らされ、こんなひどい被害は初めてだと思ったが、'95年のちろりんだよりにも同様の記述を発見！　記憶なんていいかげんなものだ。

（'05早春　ＮＯＲＩ）

農の世界の希望の芽

4月16日、今治港からフェリーとバスを乗り継いで熊本へ行って来た。小生との出会いがきっかけで農の世界に足を踏み入れた草野英雄君の結婚式に出席するためだ。50歳を過ぎてもいまだにネクタイを締めることのできない小生だが、亡き義父の礼服一式を携えて会場のレストラン『マリーゴールド』へ。最近よく耳にする人前式という神主や牧師、仲人抜きのそれでいて神道のような式を初めて拝見。披露宴では持参のギターで二曲披露、虹海茶屋というシャレのきいた名前の中華料理店で二次会の後、新郎の恩師である熊本大学文学部の田口教授の車で、有機農研や自然養鶏会の仲間、間《はざま》さん宅へ送って頂いた。間さんは新農家である草野君の入植時からずっと彼を支えてくれている方だ。その夜は、球磨焼酎を飲みながら遅くまで語り合う。

翌朝、草野君の畑を散歩がてら見学後帰途に着く。二人は19日から一週間の予定でベトナム、ラオスへ新婚旅行、12月にはベビー誕生とか、幸せな農の人となるよう祈っている。

さて昨年から、野満夫妻が旧東予市に入植したお陰で、小生も念願の自給用稲刈りに取りかかることができた。4月15日には二人に教わりながら、自然農での第一歩たねおろしを行った。

品種はヒノヒカリ、目標収量40kg（1.2畝）である。来年には帰農希望の藤田さんも西条に帰って来るかもしれない。前号で農の現実を嘆いた小生だが、夢と志を持って田舎暮らしを望む人達が、この日本にはたくさんいる。経済というはかりでは測れない幸せを求めて来る人達、それが今の農の世界の希望の芽である。ドイツの農場から戻り、コープ自然派で働き始めた長男も、いつかその世界の住人になって幸せを築いてもらいたいと願っている。（'05春　ＮＯＲＩ）

熊本で就農した草野君とフィアンセの千秋さん

熱き夏・祭りの夏

7月上旬にまとまった雨があったので畑は助かったが、全体としてはカラ梅雨であり、その後も晴天続きの暑い夏だった。農作業は早朝と夕方だけという毎日の中、各地の祭りに参加。何といってもトップは、小生がパーソナリティーをしているFMラヂオバリバリのチームがエントリーした宇和島ガイヤまつりで、当日は踊り手の給水係として同行した。昨年の大賞に続き、今年は準優勝（二年連続して優勝旗を市外へ出すわけにいかないと市長が言っていたからで、実質優勝だと思う）と、コスチューム大賞（テーマはインド）を勝ち取り、大いに盛り上がった一日だった。毎週木曜の番組出演中に練習の様子を見ていたが、振り付け、練習ビデオの制作、衣装づくり、その中でリーダーシップを取る人とそれに協力し、ついていく人の調和がすばらしく、いつぞやの小泉さんではないが「感動した！」と言いたい。

次に、来年は更にメンバーを拡大充実してゆくつもりだという高知よさこいまつりにも同行。若者たちのエネルギーに圧倒されるとともに、このエネルギーを草引きに使えれば、少なくとも四国全部を有機農業にできるのになどと考えてしまった。

ラヂオバリバリチーム in ガイヤカーニバル

他には、地元丹原の七夕まつりをのぞき、今治おんまくではアーケードの朝市でハーブ苗を売りつつリスナーたちと交流した。夏の間はWWOOFERの受入れもお断りしていたので、訪問者の少なかった分、外に出てエネルギーを頂いた。また、お盆過ぎには、自分達の銀婚式を祝って、旧中山町の花の森ホテルで一晩ゆったり、その頃から季節は秋へと変わり始めたようだ。（'05初秋　NORI）

WWOOFER 8号ジュリアンとＰＨＤ研修生テーさん

八人目のウーファーは、日本語を勉強しているフランス人のジュリアンで、関空からそのまま乗り継いでＪＲ壬生川駅へ到着したので、彼にとっては我が家が初のニッポン。出身はマルセイユの近くの田舎町で、ワイン、コートデュローヌの産地。たまたま近くの酒屋で、彼の村のポストコードまで同じワイン、ル・フェゾンを発見したので、買ってみたところ、残念ながら味はいかれていた。現地で飲んでみたいものである。ジュリアンはどうやら雨男だったようで、彼が来た翌日大雨が降って各地のダムが水位を戻した。滞在中はずっと雨か曇りで、農作業は殆どハウスで苗作業。夜は初めてのラジオ出演、初カラオケ、初居酒屋…と楽しそうに体験して、次の訪問地大分へ。（そして大分でも、被害が出るほどの大雨になった）我が家では、自分で自信があったほどには日本語を自由に繰れないことをたびたび嘆いていたが、今頃は帰国して再び大学で日本語を学んでいることだろう。

さて、9月に入ると、昨年のゾーウィンさんに続き同じビルマのタウンティンテーさんが、ＰＨＤ研修生としてやって来た。「旅の指さし会話帳ミャンマー」という本を入手して、少し

WWOOFER　第８号　ジュリアン（フランス人）

は話してみようと思っていたが間に合わず。テーさんは、仕事はていねい、気配りがきき、物静かだが、にこやかで話好き、今までの研修生と違うのは風呂好きということで、川内のさくら湯へ連れて行ったりしてこれも嬉しかった。

電気・ガス・水道はなくても、テーさんのような人たちが穏やかに平和に暮らしている村へ、次々と一見便利な文明の利器が送り込まれ、その危険性についてはきちんと伝えられないことがある。それを多少なりとも阻止するのに、有機農業は役立つらしい。毎年ＰＨＤの研修生が来るたびに、文明にのっかった日常生活を少しずつでも小さな暮らしに転換しつつ、彼らを迎え入れるべきなのだろうといつも思う。心を洗ってもらうのは常に受け入れ側の私達なのである。

（'05初秋　ＮＯＲＩ）

新旧の出会いによせて

小生には、ちょっとだけ年長のキーマンが二人いる。エッセイ集『晴れときどきちろりん』の出版や、FMラジオバリバリのパーソナリティーになるきっかけを下さった菊池修氏と、その本に前文を寄せてくれた、地域づくりのカリスマ若松進一氏である。先日、その両氏に続いて会う機会に恵まれた。２月20日にはバリバリの「菊池修の酔っぱらうまで」に出演し、無茶々園の事務局で働く若者を紹介された。また2月24日には「トークバトル・地域の自立とは何か」という三部構成のフォーラムで、職を全うし〝自由人〟となった若松氏の元気な姿に接することができた。終了後は同行の真鍋氏の店、MARUBUNd.k. まで松山の路面電車で移動。

また、新たな出会いやおつきあいの始まりもいくつかあった。出版社の職を辞し、今春より一家でUターン就農した藤田氏、南海放送ラジオのほんのちょっとした出演がきっかけで訪ねてきてくれた今治のレストラン『ヌーヴェルテロワール』のオーナーシェフ、小原氏、更に、現在の野菜の消費者が友人と二人で始める『マグノリア』というマクロビオティックの店に野菜を提供することになった。

2012年鉄道記念日のウクレレコンサートで師匠若松進一氏と会場のＪＲ下灘駅にて

このように、古くからのおつきあいや新しい出会いの中で楽しく生かされている小生であるが、長年の農の仲間、音楽の友であった安藤博章君の不在は、やはりぽっかりと穴があいたようである。知人の提案で3月25日に彼が属していた松山と今治のジャズのビッグバンドと知人のミュージシャンが集って追悼のワンコインコンサートを開くことになった。幕間で小生も語り歌う予定。心をこめて楽しい一時を持ちたいと思っている。

（'06春　ＮＯＲＩ）

消防団の十二年、若葉会の二十八年

3月末日を以て、地元消防団を退団の運びとなった。'94年4月の入団以来ちょうどえと一回り十二年である。初出勤は知人の製材所の消火作業その後、山火事、事業所の失火、住宅火災の他、台風災害に備えての土のう積みや巡回などが思い出される。年に一度の一泊旅行では、高知に一回出た以外は全て道後で異業種の団員との交流を楽しんだのもよい思い出。毎年の出初式も、厳寒の1月中旬だったのが、何年か前からは3月中旬になり時代の流れを感じる。

さて、もう一つの若葉会は、地元の専業農業者の会で、結婚前から参加させてもらって何と二十八年が過ぎた。会員の子供達が小学生の頃までは、家族ぐるみでクリスマス会やバーベキューをしたり、また、メンバーのハウスのビニール張りの手伝いや建前の手伝いなど様々な活動をこなすパワーがあったが、最近は月一回の定例会で情報交換をする程度、全盛期に16名だったメンバーも少しずつ減ってゆき、小生が脱けることによって7名になる。今や50歳代が殆どで若葉という名はすでにそぐわなくなってしまったが、たくさんの楽しい思い出が残っているし、本当にいろいろお世話になった。消防団入団も、若葉会のメンバーに声をかけられてのことだったと記憶している。

こうして地元の二つの会とひとまずお別れすることで、小生の人生の筋目を感じ、また、昨年末急逝した親友の死の意味を思うこの頃である。5月下旬には、小・中・高校と同窓だった旧友の一周忌のため帰阪の予定も入っている。

（'06初夏　NORI）

春の玄関

土からつながる

最近のラジオバリバリのゲスト欄に登場するレストラン「ヌーヴェルテロワール」のオーナーシェフ小原亮太郎氏との出会いは、地元ラジオ局南海放送にほんの数分小生が出演したことがきっかけであった。たまたまそのラジオを聞いて訪ねてきてくれ、おつきあいが始まったのだが、農家として何より嬉しいのはオーナーシェフ自らが毎週必ず畑に出向いて収穫、持ち帰りをしてくれることである。更に、我が家や知人宅で開かれるテーマを含んだ宴には、家族やレストランのメンバーも引き連れてきてくれるのでファミリーなつきあいも深まってきている。ちなみに、テロワールとは、ワインをつくるブドウ畑を取り巻く気候・地形・土を含む環境を指す言葉だそうだ。

次に、農業志望ということで我が家を訪れたマイマイこと岡田昌明氏は、南海放送ラジオの投句番組「夏井いつきの一句一遊」の常連かついつき組のメンバーである。俳句歴は三年程だが、現在は小生の20数年がいかに進歩とひねりのないものであるかを優しく教えてくれる先生だ。

そして農とは直接関係ないが、スナック「ブリキのガチョウ」のオーナー三宅富喜氏は、小

プリマスロック句会　夏井いつき先生を迎えて

生のギター、ギブソンL－1の元の持主である。この3月で丹原文化会館のギター教室を自分なりに終えた小生は、ラジオ局で毎週顔を合わせることが縁で彼の27番目の弟子となり一ヶ月に一、二回ギターを教わっている。

彼ら三人ともが40代であるのは小生としても嬉しいことだ。この先ずっと8～10年も若い感性とおつき合いでき、教えていただけるのだから。昨年40代で急逝した友人、安藤君からのプレゼントだと思って、この食・文化・音の先生たちとの時間を大切にしてゆきたい。

（'06初秋　ＮＯＲＩ）

異常気象はいつもある

11月10日（金）は暖かく穏やかな天気の一日だった。午前中に伊予市のヤマキ食産でニワトリの餌の魚粉を積み、次に道後今市の工藤舎で前日生まれたばかりのヒヨコを受け取り、農業体験希望の愛大生、吉田紗佑里さんをピックアップして帰り、早速ゴボウの草引きなどしてもらって日が暮れた。天気予報は夜から雨になるというもので、乾燥続きの折から雨音が聞こえだしたときは嬉しかったのだが、そのうち雷鳴が轟き日付が変わって零時半を回った頃、突如屋根を割らんばかりの大音量で雹が降った。後の新聞には直径1㎝ほどと記されていたが、夜が明けてから見ると製氷皿の氷くらいの雹が残っていたから、我が家のまわりはもっと大きかったと思われる。裏の畑の野菜は鳥の大群にでも襲われたかのようにボロボロで出荷不能となり鶏舎の屋根の一部（プラスチック部分）は穴だらけになった。

北海道で九人の死者を出した竜巻よりは広い範囲だが、局地的な気象の異変で、被害は丹原町のごく一部の地域に限られていた。しかし、その中には特産のアタゴ柿の生産地が丸ごと含まれておりたった数分間の雹による被害額は収穫直前だったアタゴ柿とキウイフルーツで7.

5億円にのぼるとのことである。

地元の老農たちは時に「生まれてこの方体験したことのない…」という表現を使うが、就農三十年の小生でも、結婚してはじめての冬の大寒波や、十数年前の長雨とその翌年の日照り、二年前の一つのシーズンに四つの台風に直撃されたことなどいろいろな異変に遭遇している。思うに、気候や気象を表わす言葉は数限りなくあるのだから、その多くの項目の中から数年に一度、異常な現象が起きても、驚くにはあたらないのかもしれない。一方で近年次々に起こる異常気象の多くは、人類の存在そのものに原因があるとされるのだけれど、たとえそうであっても、結局は自然の神様のなさることと受け入れざるを得ないし、むしろ、日常どれほど多くの恵みをあたりまえのように受けているかということに思い至らなければならないのだろう。

（'06初冬　ＮＯＲＩ）

WWOOFER 13号チャーリーとＰＨＤ研修生プットラさん

広島県三原市のウーフホスト坂本農場からの電話で、10月13日から一週間イギリス人ウーファーのチャーリー・ワーズ（27歳）が滞在した。チャーリーは両親の離婚に伴い、小学校時代は母の国スペインで、中学以降は父の国イギリスで過ごしたという。二年近く長野県松本市の英語塾で講師をつとめた後、北海道から自転車でウーフをしながらの南下。彼は祭りにツいていたのか、到着日には東予の祭りを、そして我が家での滞在中には一緒に夜中の西条まつりを見ることができた（翌日はひとりで自転車に乗って川入りも見てきた）。しかしこの後小生と彼の体調は低下（たぶん祭りでの食あたり）おまけにちょうど木曜日に集落内の葬儀があったため、チャーリーはＦＭラヂオバリバリの生放送に出られないはじめてのウーファーとなった。彼はこの後も南下を続け、クリスマス頃には沖縄にいる予定だという。

10月28日からはインドネシアからのＰＨＤ研修生、スリヤ・プットラさん（23歳）が滞在した。'01年、'02年と続けて受入れたダスヴィルさん、アフダールさんの住むスマトラ島の夕べ村から更に奥に入った標高１１００ｍのタラタジャラン村からの研修生。今もまだ電気、ガス、

ＰＨＤ研修生プットラさんとラヂオバリバリで生放送

水道、トイレも、そして道もない地域だそうだ。しかし、赤道直下にもかかわらず、標高のおかげで年中夏の軽井沢のような気候のまま、四季も昼夜の長さも変わらず、ナスは一度植えれば三～四年なり続けるという。そんな地域から来た人の話を聞いて、今の自分達の暮らしを考えてもらおうと、地元の二つの中学の授業に参加させていただいた。子供達が今の日本について何かを考える一助となれば嬉しい。そして、プットラさんには、いずれ電気が入ると同時に訪れる文化の破壊に対応できる人材となってほしい。穏やかで働き者のＰＨＤ研修生を受入れるたびに思うことだ。

（'06初冬　ＮＯＲＩ）

自給自足物語

1月21日、TV東京系全国ネットで放映された『日曜バラエティスペシャル自給自足物語パート18、冬の大地に生きる夢の家族』という何とも長たらしいタイトルの番組で、ちろりん農園が他の5組の家族とともに紹介された。昨年10月末と12月初旬の計四日間で撮ったものを15分程度にまとめていて、レポーターは、あのKABAちゃんだった。地上波放送を殆ど受信できない我が家では、KABAちゃんが何者かということをあまり知らなかったのだが、取材の申し込みの際、前回パート17のビデオが送られてきたので、それを見て印象の良かったKABAちゃんか、女性（これはNORIの希望）がレポーターなら受けると返事したところ、彼が来てくれることになった。ディレクターの岡田氏によれば、こんな要求をしたのはうちが初めてとのこと。

ともあれ、これまで毎回6組の家族を取り上げてきたとすると、今回で100組以上の、独自の思いを持った人々を芸能人レポーター達が訪れたことになる。今回は停年後島に移住した60代夫婦、四人目の子供を自宅出産し、山の中で自力で家を建設中という40歳の夫婦、究極の

「自給自足物語」のレポーターとしてわが家を訪れたカバちゃん

自給民宿を営む一家など、魅力的な生き方をしている人達とともに紹介され、真面目なつくりでよかったというのが小生の感想。初めて民放の番組に出て、北海道・大阪・熊本の友人達から「見たよ」と連絡を頂いたが、地元では殆ど受信できない局での放映だったため、ケーブルTVで見たという友達がいた程度。愛媛での放映は未定で短縮バージョンになるとのこと。でもビデオが送られてきたので見たい方にお貸しします。大阪のレストランで取材された次男の潤も映ってます。

（'07早春　NORI）

NHKラジオ深夜便・くらしのたよりレポーター

4月から一年間、NHKの「ラジオ深夜便・日本列島くらしのたより」のレポーターになった。毎月第四月曜日の深夜23時20分からの生放送である。担当の松沢了史さんから電話をいただき、前回はお断りされた（覚えていない）が今回は是非とのことでお引受けすることにした。放送は毎晩11時台から早朝まで、深夜1時からはFM放送でも同時に聴けるし、毎月「ラジオ深夜便」というタイトルの月刊誌も出ている人気番組だそうである。リスナーの多くは50代以上というところらしい。レポーターは沖縄から青森までの各地に16名、胡弓の名手、染物屋さん、豆腐屋さん、和裁の人など、お会いしたいなあと思うような方ばかり。小生は四国で唯一、そして最若年のレポーターである。小生に対応して下さるアンカーと呼ばれるアナウンサーは葛西聖司さん。リスナーとの交流会もあるらしい。新しい出会いがあるかも…。それよりも、FMラヂオバリバリのパーソナリティーとして四年半鍛えたフリートークの舌が滑って、NHK的にピーな発言となりたちまちレポーター交替！という事態にならないようにせねば。

（'07春　NORI）

マイマイの結婚

マイマイこと岡田昌明氏に初めて会ったのは去年の5月12日、自給自足的な農の生活をしたいと小生を訪ねてきた。それがいつの間にか月一回のプリマスロック句会（そもそもは我が家のプリマスロックという鶏を食べる宴会だった）なる俳句の定例会のお師匠さんとなり、今まで俳句に全く縁のなかった人達を次々と『いつき組』（注…「楽しくなければ俳句じゃないぜ」と元気に主張する夏井いつきさん主宰の俳句集団）の組員に引き入れる伝導師となっている。彼を師匠として迎え入れたのが小生だとしたら、これはほめられるべきだろう。

41歳公務員他様々な職歴の後、現在無職にして農的生活志望のそのマイマイが恋に落ちた。お相手は俳句が取りもつ縁で富山県在住の若き女性、藤実さん。彼女をＧｅｔすべく富山へ向かう前夜、我が家に泊まったマイマイは完全に恋するメロメロおっさん状態。そして、6月1日にめでたく入籍、3日には朝日新聞社主催の句会ライブ後、松山の東京第一ホテルでおそらく史上初の俳句結婚式と披露宴の運びとなり、小生は「頑張らなくっていいよ」を歌い、乾杯の音頭をとらせて頂いた。その後は夏井いつきさんの司会で、出席者がお祝いとして持ち寄った不用品並びにそれにちなんだお祝い句の発表があり、プリマスロック句会から参加したてんざる、ドクトルバンブー、ちろりん（小生）も楽しいひとときを過ごした。新夫婦の今後は不透明だが、そんなこととは関係なく、マイマイの今はとろけそうな幸せのどまん中である。

（'07夏　ＮＯＲＩ）

マイマイとふじみんの俳句結婚式

『六ケ所村ラプソディー』in 内子

毎回のたよりで気楽な暮らしを綴っている小生だが、反原発は生活の原点であり、その再確認のために、ドキュメンタリー映画『六ケ所村ラプソディー』上映会が行なわれる南予・内子町へ出かけた。

時は7月28〜29日、同行者は農的暮らし志向で句友の愛媛大学生琴ちゃんである。主催のおむすびプロジェクトは、就農八年のI《アイ》ターン入植の和田夫妻（菜月自然農園）をはじめ若い就農者中心で、会場の自治センターには70名ほどが集まった。その中には、小生と同じく東予地区からの野満夫妻（まんがら農園）のような小さな子供のいるカップルや大学生も多数いて、希望の光を見る思いであった。

上映後は菜月自然農園に移動しての野外パーティーとなり、小生らも出演したTV『自給自足物語』にやはり出演していた鬼北の山中に住む仙人こと浅井氏や、高知から参加の志を同じくする人達と交流することができた。そして、予定よりかなり遅れて深夜、この映画を作った鎌仲ひとみ監督登場、元気でポジティブなおばちゃんであった。

映画を観て、小生の目指す有機循環の小さな暮らしは、やはり原発とは共存できないと再確認したが、地球温暖化防止の大義名分のもと、地震多発の日本はアメリカに次ぐ世界第二の原発立国であり続けている。ともすれば絶望してしまいそうな状況であっても、その中での小さな希望の光を糧に今の暮らしを積み上げてゆくことに意味を見出してゆきたいと思う日々である。

（'07秋　ＮＯＲＩ）

※六ケ所村…使用済ウラン再処理施設のある青森県の村

鎌仲さんとのツーショット

ＰＨＤ研修生（25期）チャユーさんとの日々

神戸のＮＧＯ団体ＰＨＤ協会から毎年研修生を受け入れて今年でちょうど10年目、パプアニューギニア、タイ、インドネシア、ミャンマーなどの国々から訪れるごく普通の農民である彼らが、我が家の暮らしを見つめ直す刺激を与え続けていてくれる。

今年のタイからの研修生チャユーさんは東南アジア地域の山岳民族カレン族で、タイ第二の都市チェンマイから車で四時間という辺地の人口５００人ほどの村の出身。村ではビルマ語に近いカレン語を話し、小学校に入学して初めてタイ語を習うという。ちなみにチャユーという彼の名は「流星」という意味のカレン語で、パスポートには別のタイ語の名が記されているそうだ。95％が仏教徒が占めるタイでカレン族は数少ないクリスチャンなので、彼の村には教会がある。彼がそこでギターとピアノの伴奏をしているミュージシャンと知って音楽大好き人間の小生は毎晩音の国際交流を繰広げた。ちなみに、チャユーさんに日本語で教えた歌は「花」、「故郷」、「上を向いて歩こう」、「見上げてごらん夜の星を」そして自作のテーマソング「頑張らなくていいよ」である。

辺境の地であっても、電気が入ると生活は一変し、急速に便利になるのだが、その激変の陰に様々な危険がひそむ。民族が伝えてきた文化と、それを大切にする感性を残す研修であってほしいと毎年別れの時に願っている。

（'07秋　ＮＯＲＩ）

タイからの研修生チャユーさん

ほんものの食べものの値段

ガソリン価格の高騰や需要逼迫によるトウモロコシ…小麦の値上りで庶民の家計は更に苦しくなり、景気の後退も懸念される。しかし世の中悪くなるばかり…なのだろうか？

首相が言うとどうしても反発を招きがちだが、ガソリンの買い控えや、遠方へのドライブ見合せなどでCO^2の排出量は減ってくるだろう。また、マスコミも値上げや不足については敏感に報道するが、値上がりや企業努力の成果については冷淡なように思える。

小生が大学生だった30年ほど前、アルバイトの時給160円はちょうどガソリン1ℓの価格だった。食糧品は今より安かったが、基本的な電化製品は今のほうがずっと買いやすい値段でしかも省エネ多機能である。100円ショップに行けば、ちょっと前なら5～10倍の価格だったものが並んでいる。ウィスキーやワインも質の良いものがかつての半額以下で買えている。それにもかかわらず消費者の不満や不安が高まってゆくのは、やはり生活全体の質が底上げされて贅沢になっているからだろう。

一方、消費者にとっての安くて便利の陰には、安い賃金で働いている海外の人々やそれと同じ土俵で勝負させられている報われぬ人々がいる。その代表が、第一次産業即ち農業、漁業、林業に従事する人達だ。先日、漁師さんたちがストライキをしたばかりだが、また、ある試算では、専業稲作農家を時給換算すると２２０円、酪農家で３６０円程度だという。これでは、お金の他に報われるよほどの何かを見つけない限り後継者が育つ分野になり得ないのは当然である。

最近ついに一部の特殊卵の値上げが発表されたが、卵が物価の優等生ともてはやされてきた裏で、ニワトリたちは土から引き離されてケージに入れられ一生一歩も動かず薬剤入りのエサを与えられる産卵機械にされてきた。安い卵には彼らのストレスもたっぷり入っている。日本の農業全体が絶え間なくより大規模な農企業や賃金の安い国の農産物と競争させられ続けてきた結果が、現在の自給率39％という数字なのである。

今の諸物価値上りが、CO^2排出による地球温暖化に歯止めをかけ、飽食や安かろう悪かろうの食べ方を見直す流れとなりほんものの食べものを感謝していただくきっかけになればと思っている。日本の耕地で作れる穀物と同量の残飯を捨てている国民に、食べものが高くて暮らしてゆけないなどと言う資格はないはずであるから。

（'08盛夏　ＮＯＲＩ）

奇跡のリンゴと有機農業

最近知人のすすめで『奇跡のリンゴ』を読んだ。書店のベストセラーコーナーに平積みされている本である。

青森県弘前市の農家、木村秋則さんがリンゴの自然栽培にたどり着き、成功するまでの苦闘を記したレポートで、完全無農薬に切り換えてからリンゴが再び実をつけ始めるまでの九年間、ほぼ無収穫、無収入の中、自殺の一歩手前で悟ったのは、答えはすべて自然の中にあるということだった。家族中を巻き込んだ無謀な実践に取り組んだきっかけは、昨年95歳で他界された福岡正信氏の著した『自然農法』という本だったという。福岡氏の哲学に触発されて自然農法を志した木村氏の涙ぐましいほどの努力と、彼のような人が他にもたくさんいることを思うと、ある意味罪な本でもある。

当然小生も30年以上前に福岡氏の著書に接し、愛媛に住むようになってからは何度かお目にかかる機会にも恵まれた。氏の提唱する自然農法はすばらしい哲学であり、小規模で趣味の範囲内ならば、小生の理想として存在している。しかし、農家として実践するには多くの困難が伴うことを実感し、現在の有機循環農法に至っている。

さて、皆さんは国の認定する『有機ＪＡＳ』をご存じだろうか?、施行されて何年もたつのに今だにこう問わねばならないほど、一般の消費者にはなじみが薄いと思われるモノである。そして、近くにはこの『有機ＪＡＳ』を取得し、それを売りものにしている団体があるが、その無農薬栽培を見ていると、健康に良いとはとても思えない。

それこそが、木村氏の著書でも指摘されている、有機農法の問題点なのだ。つまり、堆肥の多投による窒素過多である。これによって農作物は毒素を含み、地球環境や人の健康を蝕むのだ。具体的には、大量の鶏糞、それも大規模養鶏のものがアンモニア臭を放ちつつダンプで何台も運ばれて土に混ぜ込まれ、そこに作付けがなされる。そして育った葉の濃緑色は、ニトロソアミンという発ガン物質に変わる硝酸態窒素を多量に含んでいることを示している。緑が濃すぎてどす黒く見える葉は、たとえ有機農産物であっても、人の健康を害する食べものなのだ。これは以前から化学肥料多投の問題点とされてきたことだが、有機質肥料とて同様である。従って安全・安心のイメージで売っている有機栽培のほうが、場合によってはより罪深いといえるだろう。

小生も以前、有機ＪＡＳ認定士の研修を受けたが、種々の疑問があり、何より農家の心の自由を束縛するものと感じて、ちろりん農園としては国のお墨付きをいただく必要なしと判断したまま現在に至っている。結局、太陽・水・土を基本にして植物とつき合ってゆくには、畏敬の念をもって自然を見つめることから出発するしかないのだろう。広葉樹林の下のあのふかふかの土とそのまわりの空気が動物の心と体を芯から癒すように。百姓万流、それぞれが自分の夢を追える農家であってほしいと思う。

（'09秋　ＮＯＲＩ）

一次産業の未来を憂いながらも幸せを歌う

10月8日に57歳の誕生日を迎え、今年も妻からのプレゼントは東広島市で開催される『酒まつり』への参加、おまけに、去年からは長男、穂が運転手をつとめてくれていて、友人二人とともに各県の美酒を堪能してきた。その日本酒のベースとなるお米は消費量と生産量のバランスが悪く、毎年在庫が貯まっているのだが、生産を担う農家についての最近のデータには衝撃を受けた。

小生が大学生だった三十五年前、授業では農家600万戸と習ったが、最近はその三分の一の200万戸に減少しており、しかもこの五年で20％減だという。そして平均年齢は65歳。つまりサラリーマンならすでにリタイアして第二の人生を歩んでいる人達だけが、第一線で頑張って日本の「食」を支えていることになる。最近では、就職難も手伝っての新規就農者の増加や、都市からのIターン、Uターンなども話題になるが、それらはいわば焼け石に水なのだろう。

政府はいつの時代も、農業は国の礎と、その重要性を語ってきたが、真剣に将来の構図を描き、農業を大切にしてきたとは到底思えない。その結果として国民の胃袋を外国産の食糧に委ね、自給率が40％という状況を招いてしまったのだから。

しかし、未来の夢が描けない、そんな農の世界に身を置き続けている小生の今はとても幸せである。幸せの源は、農的暮らしにおいては毎日の時間を自分で采配できること、その結果である農作物の出来・不出来は自然の懐《ふところ》の中にあると納得できることであり、経済というものが卵一つやキャベツ一玉といった小さなしかしはっきり目に見える積み重ねであるという喜びである。それはたとえば、株や投資その他様々な不労所得（あぶく銭）とは対極に身を置ける幸せであり、お金に振り回されない幸せでもある。小生はこんな第二期黄金時代の中で、10月17日真珠婚式を迎えた。結婚三十年、妻との出会いから数えて四十二年目の秋である。

（'10秋　NORI）

新春構想〜迫り来る里山の圧力

2010年は、春先の低温、夏の猛暑と、気候の影響をもろに受けた、『農』にはハードな一年だった。特に夏の暑さは暴力的で（ちなみに、今年の漢字は『暑』であった）その影響か山ではどんぐりが実をつけず、エサに困った動物たちが里を荒らし始めた。

我が家でも10月末からイノシシが裏の畑に侵入し、順調に育っていたハクサイや玉葱の苗床が無茶苦茶にされ、ネットやトタン板での囲いも破られるという連日連夜の攻防が続いた。今年ほど11月中旬の狩猟解禁を待ち遠しく思ったのは初めてだ。それ以降、家の周囲で5頭以上が捕獲されたおかげでやっと12月中旬過ぎあたりから家のまわりでのイノシシの気配が消えつつある。しかし、今年初めて家の近くでサルを目撃し、日中彼らの叫び合う声が聞こえることがあったり、夜はシカの笛のようなかん高い鳴き声もしばしば響いてきたり、以前からのキツネ、タヌキ、ハクビシンと合わせて、里山の端っこに居を構えるちろりん農園は、年々強まる野生動物たちの圧力に押されつつある。

全国的にも、住宅近くに出没するクマ、瀬戸内海を島から島へ泳ぎ渡るイノシシやヌートリアの話題がマスコミを賑わし、人や農作物への被害が年々深刻化していることを示している。その原因のひとつは、農林業者の高齢化であろう。我が家の周囲でも、ここ何年かの間に耕作者を失って放置され荒れた畑や園地が増え続けている。これは野生動物との棲み分けの緩衝地帯たる里山を守る人たちが消えつつあるということでもあろう。

さて、他にも、我が家では、春にＪＡ経由で購入した花粉増量剤の品質トラブルでキウイフルーツの収穫がゼロになったり、畑に新種の害虫、ハクサイダニが大発生してレタスや葉ものが大きな被害を受けたりしていて、新年の課題は山積しているのであるが、この一年を振り返って見れば、水農里《みのり》会やユニバーサルクリエイトにおける「農の指導」というかかわりや、愛媛大学地域マネジメントスキル講座での学びや出会いのおかげで充実した日々を送ることができた。

しかし、普段あたりまえと思っているこうした幸せな日々も、あっという間にひっくり返ることもある。世界のあちこちで起きている戦争状態や近くでは朝鮮半島の状勢をニュースなどで見聞きするにつけ、この日本の「今」は多くの人達が苦労して築いてきた「平和」の上に、きわどくも成り立っているのだと思い出させられる。そのことを肝に銘じて新しい日々を積み重ねてゆきたい。

（'11新春　ＮＯＲＩ）

発電用ソーラーパネル設置〜その心根《こころね》

ちろりん農園の夢は自給自足の小さな暮らし、その中には勿論エネルギーの自給も含まれている。十数年前には、ゲストハウス『第二縁開所』横にモンゴル製の100W能力の風車を設置し、風が生み出す電気を光と音に変えるというロマンを味わったが、実用面では電気の自給にはほど遠い、ほんのささやかな実践だった。この風車を、尾道の坂本農園にもらって頂いて後、次の導入に踏み切ることはなかったが、最近では国産でメンテナンスフリーのかなり実用的な風車があると聞く。

さて、ソーラー発電というと、屋根に設置するパネル式のものが一般的で、昼間発電した電力を電力会社に売り、夜は必要量を買い取るシステムとなっている。これを自給とは呼べないのではないかと思案していたところ、まんがら農園が冷蔵庫の電気を自給するために『自立型』のソーラー発電を試みているのを知り、同じようにソーラーパネルとバッテリーを組み合わせてより実用的な発電に取り組むことにした。予定出力は900W。計算上は我が家の使用電力の30〜50％を、自給できることになる。

最近、有機農法や自然農法は世の中に認められるのに比例して、その意味も中味も多様化しているように思われる。30年以上前『有機』という言葉があまり一般に知られていなかった頃、有機産業は、公害や農薬害を回避して安全で健康な食べものをつくろうとする生産者と、それを求める消費者との提携で成り立っていた。生産者と消費者という立場の違いはあっても、環境保全や過度の石油依存からの脱却というライフスタイルの確立をめざす人たちが中心だったのである。当時の有機農業は、食生活の見直しから生活全体の見直しへとつながるひとつの運動のかたちだったといえよう。

しかし、国が有機農業を高付加価値農業と方向づけ、有機ＪＡＳ認証を行なうようになった頃から、経済的成功を主目的とする技術指導が浸透し始め、ビニルハウスや黒マルチを当然のように多用する農場が増えている。効率化、省力化の優先である。

我が家も育苗のため小さなビニルハウスを一棟持ったが、それが石油製品であることを肝に銘じて必要最小限に留め、循環自給型の小さな暮らしを守ってゆきたい。そういう思いを目に見える形にするのが我が家の自立型ソーラー、地上設置型なので道からよく見え、今後のちろりん農園のシンボルとなってくれるだろう。設置に至るまでのトラブルもそれなりに楽しく、3月中には春の陽を我が家のエネルギーに変えてくれる予定である。

（'11早春　ＮＯＲＩ）

東日本大震災～この国に住むという覚悟

前号のちろりんだより（№１６５早春の号）発行は'11年3月10日である。まさかその翌日の14時46分にM９を記録する東日本大震災が発生し、岩手、宮城、福島の沿岸地域を大津波が襲うとは思いもよらぬことだった。その津波により多くの命が失われ、平和だった町や村ががれきの山と化しただけでも衝撃であるのに、福島第一原発の電源がすべて止まり冷却機能不全に陥り、翌日には水素爆発、その後今に至るも放射線を漏出し続け、チェルノブイルと並ぶレベル７の事故としてFUKUSHIMAの名が、広島、長崎のように国際的に有名になってしまうなんて、まるで悪い夢のようだ。

前号に書いたソーラーパネルの設置も、そもそもは、伊方原発からの電力分である30％くらいは自給することで反対の姿勢を示したいとの思いからの取組みであったが、原発については、すぐに止めることができないのなら、慎重に、厳重に、取り扱ってほしいと祈りにも似た気持ちを抱き続けていた。しかし、原発が動いてようが止まっていようが、発電所の格納庫内のプールに沈んでいる使用済核燃料棒はどこにも捨てることも処分することもできず、冷やし続けて保管するしかない。原子力発電が始まって40年、原発は相変らず『トイレのないマンション』のままであり、今後も改善される見通しはない。

そのような危険を関東圏外の県に担わせて、便利で快適な生活を成り立たせている大都市の傲慢も今回鮮明に炙り出された。今、真夏の電力不足に脅える首都東京はその機能を維持しようと躍起になっている。今後何十年にも亘って放射性物質とつき合わねばならないという事実を前にしても、便利と快適を手放すまいとする暮らしの形は変わりそうにない。

テレビで報ぜられる福島県川俣町という地名を耳にするたびそこで長年自然農に取組んできたやまなみファームの佐藤さん一家を思う。大切に守ってきた土が、水が、空気が、このような人災によって汚され続けるという理不尽にやり場のない怒りを感じる。農に携わるすべての人達にとって、これは他人事ではない。

プレート境界線近くにあり、無数の活断層上にある地震国日本、どこに住んでも54基もある原発からは逃げられない。ちろりん農園のある丹原町は伊方から80㎞、伊方原発操業当時から反対運動にかかわったり、勉強してきた者として推進に拍車のかかっていた日本の現状、世界の流れについて、子や孫の世代に対し申し訳なく思う。もしもの時には、それでも土から離れずに生きる覚悟を持って日々を送ってゆきたい。

（11初夏　ＮＯＲＩ）

高山《たかやま》良二さんのこと

頂いた名刺には、「ＮＰＯ法人国際地雷処理・地域復興支援の会理事長兼カンボジア現地代表」とある。ラジオで時々名前を聞いてはいたが、お会いするのは初めてだった。

出会ったのは東温市にある薦田氏の別荘。三十年来のつき合いである薦田氏は、現在伊方原発訴訟で１４７名の原告弁護士団の団長である。これまた数年ぶりに会った松山の椎茸農家の植松氏と高山氏、高山氏の松山事務局の女性とともに鍋を囲み、いろいろお話を伺った。言葉の端々からも、たたずまいそのものからも、とてもピュアなオーラを感じた。そのような方に会ったのは久しぶりで嬉しくなった。帰る間際に数曲歌った歌に共感して下さり、サイン本をいただく。「地雷処理という仕事」（ちくまプリマー新書）。早速読んでみた。平易な文章で、今の仕事に至るまでの経緯や、カンボジアの村の復興に寄せる思いが綴られている。『私は45歳でカンボジアでＰＫＯに出会い、人生のスイッチが入り、遅まきながら人生のエンジンがかかったのです。』出会いはいつも気まぐれ、何歳であろうと自分の人生をかけるものを発見できた人は幸せなんだな、こんな生き方もあるんだなと、今の自分に重ねて考えた。（ＮＯＲＩ）

地雷処理というのはプロの人がするものだと漠然と思っていたが高山氏が活動している村ではデマイナーと呼ばれる地雷探知員99名のうち半数近くが若い女性だという。どうしてそうなのか、住民参加型の地雷処理とはどういうことなのか、興味のある方は是非高山氏の著書を読んでみて下さい。

（'12新春　ＦＵＳＡＫＯ）

ラヂオバリバリのぽれぽれちろりんこおるどのゲストに来て下さった高山良二さん

震災から一年

あの東日本震災から丸一年目の3月11日の新聞に記された死者は1万5854名、行方不明者は3155名である。大切な人を失って気持ちの整理がつけられず次の一歩を踏み出せない人たち、親や子を弔うこともできず、あの日から時計の止まったままの人たちのことを思うと胸が痛む。

新春号で触れた、福島県川俣町で自然農を営み、多くの研修生を育ててきた「やまなみ農場」の佐藤幸子さんを1月12日に迎えて、ラヂオバリバリの出演、そして翌日は近くの有機農や自然農の仲間たちに集まってもらい、現地の話を聞いた。その中で、福島は宮城や岩手とは全く異った道程を歩むことを余儀なくされたのだと改めて思った。

地震と津波の被害に加え、原発事故という起きてはならない事態によって、県の復興と子供たちの安全のベクトルが正反対になってしまっていることがその理由である。どちらに重きを置くかという考え方や、その結果、滞まるか、自主避難を選ぶかという行動の違いは、親子を、夫婦を、地域を物理的にも、感情的にも引き裂いてしまっているという話を聞くのはつらかった。しかし、その現実を知り、とりあえずの安全地帯四国を守ってゆく行動をし、東北の人たちに寄り添う方法を考えてゆこうと思う。お金ではなく、心のつながる支援をピンポイントでというのが息長く続けられる支援の方法だと思う。

「やまなみ農場」との関わりは20年以上になるが、これまでは、阪神大震災の、ボランティアに訪れた佐藤和夫さんとお子さんたちが、我が家に寄って下さったり、有機農業の全国大会や自然養鶏会でご一緒したりと御主人とお会いするばかりで、奥さんの幸子さんとは初めてお会いした。今回の震災と原発事故により「やまなみ農場」は事実上閉鎖、佐藤家の人生設計は大きく狂わされてしまったのだが、やはり女性は強いと感じたのもまた別の側面である。福島市内に「野菜カフェ・はもる」を立ち上げ、川俣町の家と行ったり来たりしながら、また、各地を講演して回ったりしながら、『福島の子供たちのために』というキーワードで行動している彼女の日常を聞くと、彼女にとってはある意味、もう一つの人生が開けたのだと思わされてしまうほどの前向きなパワーに圧倒される。今後とも幸子さんの活動のほんの一端でもお手伝いしてゆきたい。

さて、2月12日、すでに昨年7月に入籍を済ませた次男潤とかおりさんが新大阪の式場で結婚式を挙げた。あまり結婚を急ぐ様子の見えなかった二人だが、今回の震災や、特に潤は震災直前に幼なじみの親しい友人を事故で失ったことなどが多少なりとも影響したのかもしれない。かおりさんの出身地が、昨年の台風12号で洪水の被害が何度もニュースで流れた三重県紀宝町というのも何か不思議な気がする。初めてモーニングを着てクリスチャンになったり、ウクレレを弾いて歌ったり楽しい新郎の父初体験だった。

（'12春　NORI）

今一度、有機の源流を問う

農を志し、三十五年前大阪から愛媛に居を移して間もなく、日本有機農業研究会との出会いがあった。『有機』という言葉はまだ一般には知られておらず、スーパーに無農薬の野菜や果物は決して並ばなかった時代のことである。以後、自然農の福岡正信氏の著書や研究会の創始者一楽照雄氏、菊池養生園の竹熊宜孝医師その他多くの先達に触発されて、ちろりん農園は有機無農薬路線に方法を定めた。原点は土に生き石油文明を拒否する暮らし、即ち自給自足の小さな暮らしであった。あれから三十年余『有機』という言葉は市民権を得、かつて願ったとおり無農薬・減農薬の農産物のコーナーはスーパーで普通に見られるようになった。

しかし、そうなった今、今度は『有機』の意味と質が改めて問われる時期が来ている。一つは前々からよくあることだが、無農薬をうたいながら除草剤は農薬でないとして使っていたり、化学肥料を使わないけれど有機質肥料を作物がいたむほど多投したりする誤解型。そして石油や電気なしには成り立たない大規模植物工場のような未来型、ハウス内で土から切り離したり、黒マルチで土をすっぽり覆う効率型など新しい有機農業を進める人達も増えている。

日本有機農業研究会のそもそもの主張は、脱石油文明であり、脱原発であり、地域循環による脱経済至上主義であり自給自足の提唱であったはずだ。勿論この三十年間に時代は大きく変わった。インターネットの普及とグローバリゼーションがものの見方や価値観を大きく揺るがしている。その変化により得たものも多いだろう。

しかし、有機JASと印された農産物の生産地が中国やタイであったり、大規模農園の単一作物であるという矛盾や、石油製品の黒ビニールマルチに覆われて殆ど土の見えない農園を見るにつけ今一度自給、循環、小規模という『有機』の源流に思いを馳せてみる必要性を感じる。ヒトを健やかに養う食べものとは、土と水と太陽の恵みをきちんと受けて育ったものであるという、あたりまえのことが、これからもあたりまえであるように念じてゆくことが大切であろう。

（'12初秋　NORI）

薪《まき》ストーブのある暮らし

二十五年前にこの家を建てた時に台所の隅に築いてもらったかまど（おくどさん）はこの十年ほど殆ど使っていなかったので、一昨年の12月に台座だけ残して壊し、時計型簡易ストーブを置いた。これが結構便利で、二回目の冬である今年大活躍してくれている。まず台所が暖かくなるし、燠火を火鉢で使うこともできる。通風口の開閉で火力の調節ができるので、煮物も炒め物もＯＫだ。ガス台は圧力鍋でご飯を炊くのに使うだけ、他はみそ汁もおかずも全部ストーブでできてしまう。ストーブの上で鍋やフライパンをあちこち動かしながら調理するのがとても楽しい。

それも使いやすい焚きものがあってのことで、友人の伝手で手頃な木片を大量にもらえるようになったおかげである。これは太陽熱と併用の風呂焚きにも、屋外に築いたかまどにも重宝している。

ニワトリを飼っているため、生ゴミを捨てることがなく、畑の雑草や野菜クズをエサとして活用できるのが我が家の強味だが、収穫期に大量に出るクズじゃが芋やクズさつま芋はナマのままでは食べにくそうだった。しかし屋外かまどの大鍋で煮てやるとよく食べてくれる。トリも喜び、芋も片付くので助かる。

思えば都会育ちの私は結婚するまで火を焚いたことがなかった。新婚時代に住んだ家におくどさんと五衛門風呂があり、初めてマキで風呂を焚いたり、煮炊きすることを覚えたのだ。その頃は近所の農家にもおくどさんがまだ残っていたが、あまり使われていないようで、そのうち代変わりやそれに伴う家の新築やリフォームで姿を消していった。スピードアップする生活におくどさんは馴染まないものだったのだろう。我が家でも、子供達の成長とともに忙しさの中でおくどさんは次第に使われなくなっていった。

けれど子供達が独立して二人に戻った今、おくどさんこそ復活させられなかったけれど、台所で火を焚く生活が帰ってきた。もう急いで走る必要はないのだから、ゆっくり、じっくり、ていねいに毎日を積み重ねる一年を送ろうと思っている。

（'13新春　ＦＵＳＡＫＯ）

アミノ酸から世界を視《み》る

食品添加物をできる限り避けてはいても年々ゆるゆるになる我が家の食生活。それでも買物の時、厳然と立ちふさがる最後の壁が化学調味料、つまりアミノ酸である。スーパーではこれを使っていない加工食品を探すのは困難なほど常識的に多用されているのはご存じの通り。なぜならば『旨《うま》い』からだ。簡単・便利に食品を旨くできる魔法の粉、それがアミノ酸なのである。しかしアミノ酸を一度にたくさん摂ると、通称『中華料理症候群』という頭痛や吐気を引起すこともあるそうで、小生も外食によって舌がザラついたり首の後ろが凝るといった反応は出ることがある。

しかし、それ以上に問題なのは、アミノ酸がその『旨さ』ゆえに本来の味覚を損ない、ひいては食文化を破壊するということだ。かなり前からアジア、アフリカ諸国にも輸出され浸透しているのも同じ意味で憂うべき事態である。ではアミノ酸を避ければそれでいいかといえば、そうでもなくて、『たん白加水分解物』や『チキンエキス（鶏の羽毛から作るとの情報あり）』などの非化学調味料をうたった怪しいものもある。

さて、農業分野でも『旨い』ものが増えている。ハウスで徹底的に管理し酵素やアミノ酸を散布し、甘くて宝石のよう美しいトマトやメロンを作る。畑でも化学調味料をふりかけているようなものだ。

社会においては、スマホやPCに新聞45億部ぶんのデータが入力されているとか。また、殆どの人が充分使いこなせないほど多機能の電化製品や、こわれても自分で修理できない、手に余る商品ばかり。

そして、最も『手に余る』ものは原子力ではないか。自分で後始末のできないものを手にしたとき、滅びのへのカウントダウンが始まる。アベノミクスとやらで再び踊る人が増えそうな気配だが、食や農を含む、生活全体がすでにサービス過剰。過剰感は体にも現われている。TVで観ると、ひととおり欧米文明の行きわたった国々の多くの人が、油や水を貯めこんだ体型をしている。過ぎたるは及ばざるが如しと、昔からいうではないか。生活の中から少しずつ『過剰』を排除し、原理のわかるモノや人と共に土の上での暮らしを大事にしてゆきたいと思う。

（'13春　ＮＯＲＩ）

〝花は咲けども〟〜原発事故から三年〜

あの東日本大震災と大津波の翌日、友人宅の大画面TVに福島第一原発が爆発炎上し黒煙を吐いている様子が映し出され、皆呆然としたのを思い出す。あれから三年、強制避難を余儀なくされた人々の多くがふるさとに戻れず、メルトスルー（溶融貫通）なる言葉も出るほど未だ原発内部の様子も不明のままだ。そんな状況もものかは、政府は新たなエネルギー基本計画案を決定し、原発再稼働を進めるとの方針を示した。

昨年の秋、山形の農業カントリーバンド『影法師』から、新曲〝花は咲けども〟のCDが届いた。震災後にNHKなどが発信した〝花は咲く〟に対して、現状ではまだ咲いていないのだということを伝えたいとの思いから生まれた曲である。二番の歌詞を紹介する。

異郷に追われた人のことなど
知ったことかと浮かれる東京
己《おのれ》の電気が招いた悲惨に

痛める胸さえ持ち合わせぬか

そしてサビは
花は咲けども花は咲けども
春を喜ぶ人はなし
毒を吐き出す土の上
恨めし悔しと花は散る

この曲をレコーディングして送ってほしいとの依頼だったので、小生のギターと妻のキーボードで歌い、携帯用ラジカセで録音して山形へ送った。興味のある方はインターネットの『影法師』のホームページにアクセスしてみて下さい。

節電のかけ声も小さくなり、東京オリンピック開催決定に浮かれ景気浮揚のためには原発再稼働が不可欠という政府と経済界の空気はまさにこの歌の通りであろう。

遠く離れた四国にいても、ふるさとを追われた人たち、また、先日の未曾有の大雪被害で心の折れた農家の人たちに、せめて心を向けることのできる日々を送りたい。

（'14早春　ＮＯＲＩ）

食糧自給率のカラクリ

ＴＰＰ交渉の結果関税が自由化されれば、日本の農業は崩壊するとして声高に反対が叫ばれている。食糧自給率が更に低下し40％を割るともいわれている。

日本ではカロリーベースで自給率を計算しており、その算出法は（一人一日当り国産供給カロリー ÷ 一人一日当り供給カロリー）であるが、この方法を取っているのは日本だけらしい。他国は生産額ベースで計算している。（国内生産額 ÷ （国内生産額＋輸入額－輸出額））。この方法で算出すると日本の自給率は66％で主要先進国中第三位だという（２００７年）。日本の国内生産額は約８兆円で世界第五位、先進国ではアメリカに次ぐ第二位なのだそうだ。また、自給率が低い＝輸入大国といわれているにもかかわらず、国民一人当りの輸入額はイギリス、ドイツ、フランスなどの半分以下に過ぎないとは驚きである。

なぜカロリーベース自給率の数字が低いのか。実は、カロリーベース自給率の分母の中には食べてもらえなかった食糧も含まれているからである。たとえば食品工場やコンビニなどの廃棄分や、家庭、飲食店などの残食…これらは年間１９００万トン、輸入食料の三分の一に当る量である。まことに〝もったいない〟大国なのだ。逆に、農家の自家消費分や生産現場での廃棄分（充分食べられるのに諸々の事情で出荷できなかった農産物）は含めていない。こういった現実を計算に入れて是正すると、カロリーベース自給率でも60％以上になるという。

更に、野菜については重量では80％以上自給できているのにカロリー計算だと1％にしかならない（野菜は低カロリーなので）というおかしなことも起きてくる。これらのことから、我々が信じこまされている自給率40％という数字がいかに現実と異っているかがよくわかるだろう。

それなのになぜ政府は自給率の低さをアピールするのか、その理由について興味ある方は『日本は世界五位の農業大国』浅川芳裕（講談社＋α新書）を読んでみて下さい。

年々荒れてゆく里山や耕作放棄地を見ながら暮らしているが、老齢化し減少してゆく日本人の胃袋など、その気になれば大丈夫、いつでも満たすことができると思っている。低収入、低カロリーを是としている小さな自給的農家のちろりん農園がこんなにおいしい毎日を送っているのだから。

（'14初夏　NORI）

人生と天災

二十四節気のひとつ寒露、そして皆既月食のその日、今年も何とか無事に61回目の誕生日を迎えた。

毎年秋の入り口に喘息の発作を恒例としている身としては、息を吸い、そして吐くという活動が自然に行なわれることがいかに不思議で有難いことかを思い知らされると同時に、少しずつ近付いてくる「死」というものへの覚悟も準備しておかなければと思う。

広島の土石流や御嶽山の噴火といった最近の自然災害による多くの犠牲者に思いを馳せると、自然という「神」は人間のことなど視野に入れていないのだなと実感してしまう。あるいは、「神」が恐しいも有難いも人間の都合でしかないのだとも思う。自分よりも若い人達がたくさんの夢も可能性も一瞬にして断ち切られるというのは理屈抜きに痛ましいことだ。順番に年老いて朽ちてゆくという幸せが全ての人に巡ってくるとは限らないのがこの人生。平均寿命が世界最高レベルとはいえ、それは平均より大幅に長寿の人と短命な人との間の数字にすぎない。それなのに60歳からあと二十年くらいの寿命があるという感覚を持ってしまう。

ｉｐｓ細胞や移植など再生医療が進めば進むほど、人は自然に死ぬことが難しくなってゆく。健康と長寿は人類共通の願いだが、それが実現しつつある今の社会はそれを受け取めきれるほど成熟しているとはいい難い。遺伝子組換え、コンピュータテクノロジー、原子力…便利で快適な生活のために刃止めを後回しにしてきたことも合わせて、再びの地震や噴火のおそれや、自然災害の激化を思うにつけても、残っている人生で何ができるかを考えるこの頃である。

（'14秋　ＮＯＲＩ）

ポテチ（10歳）　2003年生まれ

異常が日常の中での畑

12月は暖冬との予報を覆して、各地を大雪が襲い、愛媛でさえも暴風雪警報が発令されるなど厳しい冬の入口に立たされた。しかし夏から秋にかけての多雨と日照不足を越えて、我が家の畑はかつてないほどの豊作となった。野菜セットの袋に丸ごとでは入れられないほど太くて長い大根や一本で500g近くある金時人参、レストラン向けの赤、紫、緑、黒のカラー大根も例年の1・5～2倍の大きさに育った。また里芋が大株になり、年が明けてもセットに入れられるなんて初めてのことである。今夏が猛暑を免れ適度に雨が降ったこと、台風被害がなかったこと、そして農事暦（旧暦）の9月に閏月《うるう》があり秋が長かったことなどが幸いしたのだろう。これはめったにないことで、この次に9月が二回続くのは百年以上先になるそうだ。自然農を教え、俳句の季語にふれる日常を送っている者として、2015年の農作業は旧暦に沿った流れになるよう勉強を重ねてゆきたい。

最近では、気象予報も「これまで経験したことのないような」とか「ここ数年で最大級の」とかの脅迫めいた表現を使うことがあって、異常なことが増えているような気にさせられる。

確かに自然災害は時に予測を越えた規模で発生することがあり、その原因として地球温暖化のような人為的なものも挙げられるのだろう。しかし気象についての項目は数え切れないほどあるそうなので、いろいろな「異常」が起きるのはある意味あたりまえのように思える。まして最近のように世界中の情報を瞬時に入手できるとなれば、日常の中での異常を意識することは大事だが、異常な表現に過剰に反応して振り回されることのないように過ごしたい。

（'15新春　NORI）

ウサギのランちゃんとテンテン　ランちゃんはその後穴を掘って逃亡し３年ほど家の周囲でくらす（笑）猫たちと仲良しでした

有機農業講座

昨年、環境保全協会が主催するコンクールで、有機農業部門の愛媛県代表として選出されたものの、発表の場で歌ってはいけないと言われ、岡山での中・四国大会を出場辞退し（単なるワガママ）、大先輩の泉さんや、前年の長尾さんが大賞や最優秀賞に輝いたのに対し、参加賞っぽい奨励賞にとどまったのは当然の結果であった。発表のための資料作りその他尽力下さった普及員の方には申し訳ないことをしたが、還暦を越え自由にモノを言える（歌える）自分でありたくて、そういう選択をした。

それでも例年のにぎたつ会館での県代表発表会には出席し、ギターやオカリナを持ち込んでの発表をさせて頂いた。その流れで久万高原町中津地区の第二回有機農業講座に講師として招かれ、二時間のフリータイム日常の思いをゆっくりと10数名の地域の方々に伝えた。歌も演奏も30分ほど時間を取れて楽しかった。中津は高知県との県境に近い山間地区だったが天気も良く、三坂道路開通のおかげで、二時間も早く着いてしまい、付近を散策することができた。

二つの講演でいただいた講師料や交通費がワインや妻との食事に化けたのは言うまでもな

い。ニワトリや犬がいるため二人で旅行などのできないちろりん農園では、農閑期の臨時収入は〝酒〟、〝外食〟、〝映画〟などの楽しみに充てられる。先日の妻の誕生日は五年ぶりに伊予市の花の森ホテルで祝った。いつ訪れるかわからない人生の終末をきちっと迎えるためにも、家の内外にモノは極力増やさず、徐々に生活を縮めつつ、日常を農作業・歌・俳句のトライアングルで（お酒でちょっぴり香りづけしながら）送ってゆきたい。

（'15早春　ＮＯＲＩ）

熊本大地震の衝撃〜明日こそ我が身に〜

4月14日、毎週木曜日夜8時から一時間の生放送でパーソナリティーをしている『ぽれぽれちろりんごおるど』を終えての帰り道、車を運転しながら聞いていたラジオから、午後9時26分熊本で震度7との一報が流れ、同時に携帯の緊急地震速報が鳴り響いた。（愛媛県東予地方では揺れは感じず）誰もが本震と思ったこの地震は、実は前震で、4月16日深夜1時25分にやはり震度7の本震が来た。以来三週間余り、地震の数は1250回を越え、うち100回以上が震度4を越えるもので、一万軒以上の家屋が倒壊している。

奇しくも、同日赤道直下の国エクアドルでもM7・8の大地震が起こり、被害状況は深刻で、刑務所の壁が崩れて服役者が脱走したり、援助物資が略奪されたりしたとのニュースが流れた。被災者の苦難に変わりはないが、地震後の動きを見ていると日本は本当に秩序ある国だと実感させられる。政府の対応、地元の役所の対応、商店や会社、ボランティアの人達の協力、そして何よりも被災した方々の冷静さ、次々と整ってゆく医療体制、繰返される余震の中で回復してゆくライフラインや交通網…。阪神大震災、東日本大震災などで、各方面の人々がそれぞれに経験値を上げてきた結果だとすると複雑な思いであるが。

我々夫婦には九州に親類縁者がないのだが、10年以上前に今治の日本食研に勤めていてその後実家のある熊本に戻って有機農業を始めた草野英雄氏と連絡を取り無事を確認した。彼の住む山鹿市は福岡に近く揺れもそれほどではなかったという。現在熊本市内から親族が避難してきているそうだ。

地震学者が束になって研究しても、地下深くの断層の構造は未だ解明されず、地震の予知も不可能だ。俳句では地震と書いて「ない」と読ませる。噴火口の神様、大穴牟遅神《おおあなむちのかみ》が為《な》さることがすなわち那為《ない》=地震なのだという。

さて、我が家のある地域を二分して流れる中山川にはむき出しの断層がある。この中山川に平行している高速道路、松山自動車道は何と、中央構造線にほぼ沿う形で走っている。そしてその中央構造線を西にたどれば伊方原発の近くに到達するのだ。小松左京は『日本沈没』で中央構造線の北側を沈没させ、石鎚山側を陸地として残したけれど、このようなあやふやな土台の上で暮らす我々にとって地震は常に明日は我が身と心得ねばなるまい。ましてや原発やリニア新幹線など、那為の前には、あまりにもささやかな知識と技術への過信であり、まさに滅びへの道だということを認識すべきであろう。

（'16初夏　NORI）

有機農業は曲がり角

1971年10月17日に設立された日本有機農業研究会（有機農研）の存在を知ったのは、ちろりん農園が誕生して二、三年たった頃（'70年代後半）だったろう。設立当初からの会員である農家の大平博四氏（故人）や、金子美登氏、医師の梁瀬義亮氏（故人）や竹熊宜孝氏らの講演を聞き、ちろりん農園は農薬・化学肥料・除草剤を使わない有機農法へとシフトした。

'80年代後半には有機農業という言葉が一般の人にも通用するようになり、2000年には有機JAS制度、'06年12月には国会で有機農業推進法が制定された。しかし、この頃から有機農研設立当時の理念である自給、提携、反石油文明といったものが崩れ始め、新たに有機農業を始める人々の中には、有機JASという高付加価値を求めて単一栽培による経営の成功を指向する者も増えた。当然、企業は有機JASに適合するという農薬（!!）や肥料を開発し、その種類も増えているのが現状だ。個人としての消費者があの有機JASマークにどれほどの価値を認めているか、そもそも大いに疑問であるのだが、国のお墨付きということ自体が価値なのだろう。

また、最近次々に発行される、有機農業者たちの著書で、ビニールマルチを当り前のように奨励しているのも気になるところだ。有機肥料や堆肥の多投による窒素（N）過多のえぐい農産物も増えている。化学肥料、有機肥料のどちらであれ過剰なNは農作物の中の亜硝酸を増やして苦みやえぐみを生じさせ、発ガンにもつながるといわれているのだが、無農薬・無化学肥料＝有機農業＝安全・安心とだけ認識している人も多い。

更に最近ではコンピューター管理のハウスで、土を全く使わずに作る有機農産物も出現している。そこまで行くともう次元が違うとしか言いようがなく、有機農業はとんでもない曲がり角に立っているのかもしれない。

一方、自然農法という異ったやり方がある。これには二つの流れがあり、ひとつは愛媛県の福岡正信氏（１９１３〜２００８）が提唱し、川口由一氏（１９３９〜）、木村秋則氏（１９４９〜）へと続いている。こちらも変化は否めず木村氏まで至ると単一栽培、ビニールマルチ多用だったりする。三氏全員の講演を聞き、人柄に触れたことのある小生、やはり年を取ったなあと感慨深い。もうひとつは、戦前キリスト教信者の岡田茂吉氏（１８８２〜１９９５）による世界救世教が化学的農薬・肥料を拒否する農法を提唱し、その後内紛、分離、独立により黎明教会、ＭＯＡ教会、神慈秀明会などになったというものである。先日、まんがら農園・野満氏の提案で視察に行った徳島県の若葉農園は、神慈秀明会に属しているそうだが、社員と研修生で成り立っている農業法人で、宗教色は全く感じられない。又、借地だという単一品目の畑は除草が徹底されていて、従来の自然農法のイメージからは遠いものであった。自然農法の世界も曲がり角なのかと思いつつ帰途についた。

（'16盛夏　ＮＯＲＩ）

抜かれる人生

10月で63歳になった。これまでの人生の特徴は？　と考えてみると、『抜かれる』ということかなあと思う。小学校時代肥満児で、運動会ではいつも抜かれていたし、やせるために中学で始めたサッカーは、高校でも大学でも初心者の同輩・後輩に抜かれる繰返し。結婚してから妻に教えてもらって始めたギターは始めたばかりの高校生に「上手い！」とほめられて三ヶ月後に相手の技量がはるかに上回るという抜かれ方も経験した。現在130回を越えて続いている。プリマスロック句会では、句歴だけなら20年以上なのに、初心者として参加したFMラヂオバリバリのパートナー、ドクトルバンブーにまたたく間に抜き去られた。

本業の農業でさえ、Iターンの自然農『まんがら農園』やUターンの有機農『藤田家族』に野菜づくりについてのアドバイスを求めることが多くなったし、6月に移住してきたばかりのよんよんさえも、来てすぐに小生の扱ったことのない大型トラクターを駆使して働いていた。また、地域づくりにおいても、小生を『ししょー』と呼んで下さる野島貴子さんの行動力と多方面での活躍は素晴らしいもので、小生はいつも有難く使っていただいている状態である。そ

2011年6月　レーモンド松屋コンサートにてゲスト出演　バイオリニストの大野夏織さんと一緒に　この後レーモンドは五木ひろしさんへの楽曲提供で日本レコード大賞作曲賞・日本作詞大賞を二年連続で受賞！

の一方で小生が『ししょー』と尊敬する若松進一氏は相変らずの活躍ぶりで、抜き去るなど考えられない。こんな情け無い日常を、それでも大好きな農作業とお酒と歌で埋めている毎日は幸せで、けっこういい人生だなあと思っている。

（'16秋　NORI）

十三年ぶりの再会

猛暑の8月、懐しい人からの葉書が届いた。『さぼ』こと藤原仙人掌《さぼてん》さんの作品展示会とトークライブの案内状である。ちょうど松山の『青空食堂』に野菜を出荷することになっていたので、その帰りギャラリーに立ち寄った。

彼は十三年前難病の闘病中に歩き遍路に挑戦、その途中知人の紹介でたった一夜の宿を提供しただけのご縁だったのに小生らのことを覚えていてくれて連絡をくれたのだ。

この十三年の間に、彼は結婚し、子供を二人授かり、家族四人鳥取県の大山町《だいせんちょう》で自給自足の暮らしをしながら、各地で絵や木彫などの展示会やトークライブを行っているそうだ。この翌日には、再び我が家に泊まって、お酒や歌を楽しみつつ旧交を温めた。

難病とつき合いながらの十三年、彼には幸せにつながる多くの変化があったようだが、ちろりん農園はずっと同じ場所で、基本的に変わらぬ日常を繰返して年月を重ねている。さぼが十三年前に残していったお地蔵さまの絵もずっと床の間の同じ場所にある。

さて、彼の絵と一緒に飾られているもう一枚のお地蔵さまの絵を描いてくれたのは、オーストラリアのエドウィナ。二十年前に我が家に五日間ほど滞在した後、さぼと同じく歩き遍路の途中、もう一度立ち寄ってくれた彼女は、今どこで何をしているのだろう。国に帰って家族を作り幸せに暮らしているだろうか？　そんなことまで思い出させてくれた再会であった。

（'16秋　NORI）

2016 年　13 年ぶり再会のさぼの東温市作品展にて

アジア農薬事情〜田坂興亜氏講演会に参加して〜

'80年代、日本有機農業研究会の提唱に賛同して会員となって以来、農薬・化学肥料・除草剤を排除し、タネや資材もできるだけ自給する有機循環農法に取り組んできた。

最近気になっていることがある。百円ショップやドラッグストアで除草剤が販売されていることだ。しかも入口近くのよく目立つ所に置かれている。『危険な』農薬は購入の際に印鑑が必要なのに除草剤はいつでも誰でもが買える。これは一体どういうことだろうという疑問を抱いて、ゆうき生協総代会の記念講演を聞きに行った。

講師の田坂興亜氏は昭和15年生まれ、近年皇族の入学で話題となった国際基督教大学（ＩＣＵ）に１９７０〜２００２年まで在職、主な研究テーマは、『アジア各国の農薬を中心とした化学物質による環境汚染』ということだった。77歳という年齢から、過去の研究成果を中心に語る講演であろうと思っていたら大違いで、まだまだ未来に向って活動中の元気な先生だった。

田坂氏がJAICAなどと共に現在進行形で取り組んでいるのが国民幸福度（ＧＮＨ）世界１というしあわせの国ブータンでの活動である。なんとこの国では、農業大臣が２０２０年までに農業生産を100％有機農業で行なうという目標を掲げており、国内に残っている農薬を全て回収し、スイスに送って処分するという。7月中にまたブータンを訪れるのが楽しみだと話しておられた。

ひるがえって我が国では、現在、ミツバチの大量死との関連が指摘されているネオニコチノイド系の農薬がEUやアメリカよりはるかにゆるい基準で使用されている。政府の見解は、原発事故直後の発表と同じ、『ただちに健康に影響を与えるものではない』。除草剤が簡単に買えるのも同じ理由からであるらしい。

DDTなどの塩素系農薬が製造されるまで、人類は炭素と塩素が結合した物質に触れたことがなかったという。従って危険物排除のメカニズムが作動せず、体内に取り込まれて偽女性ホルモンとして働き男性が女性化する現象が起きることもあるそうだ。6月30日の愛媛新聞にも、低濃度のネオニコチノイド系農薬でもミツバチの寿命が短くなったり、女王蜂の数が減ったりするというカナダのチームによる発表についての記事が載っていた。我が国での今後の対応を注視し、声を上げてゆく必要を感じている。

（'17夏　NORI）

安藤諭氏を悼む

月刊誌『現代農業』への投稿が縁でこの愛媛の地に移り住み、間もなく安藤諭氏との出会いがあった。当時、共同生活していた鳥取大学時代の先輩らとともに、農業指導を受け、結婚に際しては仲人を引受けて頂き、その後ちろりん農園が小生夫婦だけになってからも、陰に日向に常にサポートして下さった大恩人である。特に小生夫婦にとっては、移住後の人生の中で常に傍らに寄り添って下さる、まさに愛媛における「父」とも言うべき方だった。

また、知り合った頃、中学生だった長男の博章君は、彼が大学を出て就農し、家庭を持ち、'05年に亡くなるまで、農業・音楽を通じての一番の友であった。その後多くの素敵な人達と出会い、楽しい日々を重ねている今も、その思いは変わらない。

出会った頃の諭氏は40代前半、父上の好太郎氏から始まって、3代目の博章君、その長男である4代目のS君、何と4世代にわたって小生は安藤家とおつき合いをし、お世話になっている。（S君は六年前、我が家の自立型ソーラーシステム設置をほぼ一人で完成させてくれた）遠からず5世代目の子供達に会える日も来るかもしれない。

享年82歳は、百まで生きて鋏を握ったまま畑で倒れたいと常々言われていた望みからすれば思いのほか早かったかもしれないが、次男譲くんの言うところの「頑固一徹」の人生を通して、小生夫婦のみならず、多くの人達の　幸せにかかわってこられたことだろう。

安藤家の人たちと
1980年11月3日　ます井農場視察途中、錦帯橋と宮島に立ち寄る

たったひとつ、残念なのは、アルコールを口にせず、早寝早起きという規則正しい生活習慣だったため、心ゆくまで語り合う時間を多くは持てなかったことであろうか。これから大きな家で一人暮らすことになる奥様の真澄さんとはこれからも夫婦ともどもよいおつき合いをさせて頂きます。

長い間本当にありがとうございました。

（'17冬　NORI）

あとがき

夫婦で出す二冊目の本であるこの「ちろりんだより」は、結婚直後の1981年から三十七年にわたって二人で作り続けている個人新聞の1〜199号からセレクトしたものである。オリジナルは妻の手書きで、現在も年五〜六回のペースで発行している。

一冊目の『晴れときどきちろりん』は、1992年〜1999年までえひめリビング新聞社発行の「リビング松山」に連載されたエッセイをまとめたもので、20世紀最後の年に出版されたが、この二冊目も平成から新しい元号に変わろうとする節目の年の出版となる。高校時代に出会った私達夫婦にとってちょうど五十年目であることも感慨深い。

199号が、愛媛に移住して出会い、農業の指導をはじめ人生の様々な場面でたいへんお世話になった安藤諭氏の追悼号となったことと、次で200号という区切りが重なり出版を決めた。

出版にあたり、記事のピックアップ、文体や文字の統一、誤字脱字の訂正、写真の選択等、ああ、前の時もこんなだったなあと十八年ぶりの感覚を懐しく思い出した。

この三十七年間の多くの出会いの中で、良き縁と運に恵まれ今日に至ったことを有難く思っている。

前回に続き、今回も巻頭言を頂いた若松進一氏、そして、パソコンもスマホも使わない私達につき合い出版までのアドバイスを下さった創風社出版の大早友章・直美夫妻に深く感謝申し上げます。

隣家から300mほど離れた一軒家で、猪、鹿、猿その他熊以外の野生動物たちとテリトリーを接しながら、山の水を引き、薪で風呂を焚く暮らしを送っている私達の足跡をたどる二冊目の読後の感想を頂ければ幸いです。

西川 則孝（にしかわ のりたか）
1953年10月生まれ
大阪府立四条畷高校卒
鳥取大学農学部卒業後
1977年愛媛県周桑郡（現・西条市）丹原町に入植

いつき組　プリマスロック句会主宰
愛媛大学地域再生マネージャー
愛媛県移住サポーター
今治FMラヂオバリバリ パーソナリティー

西川文抄子（にしかわ ふさこ）
1954年2月生まれ
大阪府立四条畷高校卒
大阪女子大学英文科卒
松下電器産業㈱でOL生活4年後結婚

とんぼ玉「紫陽花工房」
いつき組　プリマスロック句会メンバー

ちろりんだより
移住農家夫婦37年のおーがにっくらいふ

2019年1月25日 発行　定価＊本体価格1870円＋税
著　者　西川則孝・西川文抄子
発行者　大早　友章
発行所　創風社出版
〒791-8068 愛媛県松山市みどりヶ丘9－8
TEL.089-953-3153　FAX.089-953-3103
振替 01630-7-14660　http://www.soufusha.jp/
印刷　㈱松栄印刷所　　製本　㈱永木製本

 ISBN 978-4-86037-270-5